U0323830

天然禾草与内生真菌共生关系的研究

贾 彤 著

中国矿业大学出版社

内 容 提 要

本书从天然禾草感染的内生真菌在生态系统中的重要作用入手,以我国内蒙古草原芨芨草属植物羽茅、美国西南部植物睡眠草及亚利桑那羊茅三种天然禾草为研究对象,重点介绍了内生真菌种类、宿主植物基因型和水分养分条件对天然禾草-内生真菌共生体生理生态特征的影响,为受损生态系统的恢复提供优势微生物资源和具有抗逆性的共生体。本书可作为矿区生态修复工程人员和学习植物生理生态学的本科生和硕士研究生的参考用书。

图书在版编目(CIP)数据

天然禾草与内生真菌共生关系的研究 / 贾彤著. —
徐州 : 中国矿业大学出版社,2019.7
   ISBN 978 - 7 - 5646 - 4496 - 3

   Ⅰ. ①天… Ⅱ. ①贾… Ⅲ. ①禾本科牧草-内生菌根
-研究 Ⅳ. ①S543②Q949.32

   中国版本图书馆 CIP 数据核字(2019)第 144750 号

书　　名	天然禾草与内生真菌共生关系的研究
著　　者	贾　彤
责任编辑	章　毅
出版发行	中国矿业大学出版社有限责任公司
	（江苏省徐州市解放南路　邮编 221008)
营销热线	(0516)83884103　83885105
出版服务	(0516)83995789　83884920
网　　址	http://www.cumtp.com　E-mail:cumtpvip@cumtp.com
印　　刷	江苏淮阴新华印务有限公司
开　　本	787×1092　1/16　印张 9.5　字数 186 千字
版次印次	2019 年 7 月第 1 版　2019 年 7 月第 1 次印刷
定　　价	38.00 元

（图书出现印装质量问题,本社负责调换）

前　言

　　内生真菌与禾草的共生在自然界普遍存在而且有广泛的影响,大多数报道都以栽培禾草为主要研究对象。大量关于黑麦草(*Lolium perenne* L.)和高羊茅(*Festuca arundinacea* Schreb.)等栽培禾草的研究表明,内生真菌与宿主植物之间互利共生,内生真菌可以促进宿主植物的生长发育并提高宿主植物对高温和干旱胁迫的抗性。然而,对天然禾草的研究相对较少,就已报道的关于内生真菌与宿主植物关系的研究而言,得到的结果也不尽相同,有的报道是正效应,有的是没有显著影响,甚至是负效应,造成这种差异的原因不仅可能与共生体所生长的地理种群、环境条件有关,还可能与宿主植物的种类、基因型及内生真菌的种类有关。到目前为止,探讨禾草-内生真菌共生关系复杂变化原因的研究较单一,尤其是综合考虑内生真菌种类、宿主植物种类及基因型,以及环境因素对共生关系的影响研究更是少见。为探讨共生体双方种类及水分和养分条件对共生关系的影响,本书选择我国内蒙古草原芨芨草属植物羽茅(*Achnatherum sibiricum*)、美国西南部芨芨草属植物睡眠草(*Achnatherum robustum*)、美国亚利桑那羊茅(*Festuca arizonica*)三种天然禾草为研究对象,采取自然感染和人工构建禾草-内生真菌共生体相结合的方式,探究不同地理种群、内生真菌种类、宿主基因型以及水分和养分条件对禾草-内生真菌共生体生理生态影响,获得主要研究成果如下:

　　(1)内生真菌对羽茅的影响与宿主羽茅所处的原生生境和不同生长发育阶段有关,具体表现为:羽茅生长前期,内生真菌显著提高了海拉尔种群植株的株高、比叶重、水分利用效率以及光合氮利用效率;羽茅生长后期,内生真菌对定位站羽茅的光合氮利用效率有显著的贡献。同一地理种群中,内生真菌对羽茅的作用受 *Neotyphodium* 属内生真菌种类的影响较小。

　　(2)内生真菌对羽茅的作用不仅与宿主所处的生长阶段有关,还取决于宿主植物的基因型。本书研究发现内生真菌对羽茅的形态变化、叶绿素含量以及光合生理指标的显著影响在羽茅各生长阶段以及不同羽茅个体中各不相同。对于感染同一种内生真菌的不同羽茅个体而言，内生真菌 *Neotyphodium sibiricum* 对羽茅气孔导度的作用，以及 *Neotyphodium gansuence* 对宿主蒸腾速率的影响取决于宿主植物的基因型。

（3）对芨芨草属的不同宿主植物羽茅和睡眠草的研究中，宿主植物基因型是影响羽茅生理生态特性的主要原因，宿主植物种群差异是影响睡眠草生理生态特性的主要原因。其次是内生真菌种类对共生体产生的影响，而内生真菌感染与否对这两种天然禾草的作用最小。

（4）不同类型的内生真菌（内生真菌的传播方式差异和内生真菌遗传起源背景差异）显著影响羽茅和亚利桑那羊茅生理生态特性，在羽茅中不同内生真菌的传播方式的作用高于内生真菌种类（相同传播方式的不同种内生真菌）对宿主的生理生态特性的影响。

（5）宿主植物基因型与内生真菌种类的相互作用对羽茅和亚利桑那羊茅的生长都有显著的影响，并且重要环境因子水分养分也是影响亚利桑那羊茅生长和生物量分配的主要因素。

上述研究成果可为进一步认识影响禾草-内生真菌共生关系的复杂多变性提供实验依据，为受损生态系统的恢复提供优势微生物资源和具有抗逆性的共生体，也可为今后更有效地保护和利用这一生物资源提供科学基础。

感谢国家自然科学青年科学基金项目"铜矿区天然禾草白羊草内生真菌多样性及其共生体重金属耐受性机制"（项目编号：31600308），山西省应用基础研究面上青年基金项目"内生真菌提高白羊草重金属耐受性生态学机制"（项目编号：201601D021101），山西省回国留学人员科研资助项目"白羊草内生真菌多样性及生态学功能的研究"（项目编号：2016-006），山西大学"黄土高原生态恢复山西省重点实验室"以及高等学校"服务产业创新学科群建设计划"土壤污染生态修复学科群资助项目对本书出版的大力支持和帮助！

作　者

2019 年 4 月

目　录

绪 论

1.1 禾草-内生真菌共生体研究进展

　　微生物与植物共生现象在自然界中是普遍存在的[1],比如真菌与藻类共生形成地衣[1-3]、菌根真菌与兰科植物共生[4-6]、根瘤菌与豆科植物共生[5-6]、内生真菌与禾草共生[7]。目前,在与禾草共生的内生真菌中,研究较为深入和广泛的是与冷季型禾草共生的子囊菌纲(Ascomycetes)麦角菌科(Clavicipitaceae)的 epichloë 内生真菌,它包含无性型的 *Neotyphodium* 属内生真菌和有性型的 *Epichloë* 属内生真菌。在 epichloë 内生真菌与禾草共生关系下,一方面宿主为内生真菌提供生存场所以及供给生长过程中需要的养分和物质,另一方面内生真菌可以促进宿主植物的生长,在某些特性条件下提高宿主对环境胁迫的耐受性,特别是能产生生物碱,增强宿主植物对昆虫和家畜的拒食能力[7]。然而,目前大多数的研究都集中于栽培禾草,而关于天然禾草的研究较少,且已报道的研究表明天然禾草与内生真菌的共生关系更为复杂和多变。因此,对天然禾草与内生真菌展开研究,对于微生物资源的开发、利用和保护都有很重要的意义。

1.1.1　内生真菌定义的提出和研究简史

内生真菌(Endophyte)这个词最早是由 Bary 在 1866 年提出来的,专指那些生活在植物组织内部的微生物,这是为区别于那些生活在植物表面的表生菌(Epiphyte)[8]。Carroll 于 1986 年提出内生真菌(Endophyte fungi)专指代生活在地上部分或植物组织内,但是不引起明显病害的真菌,突出强调内生真菌与植物的互利共生关系[9]。经过 1998 年国际植物病理学会上的讨论,将内生真菌定义为,在植物体内完成其生活史的部分或全部,对植物组织没有引起明显病害症状的真菌[10]。但关于内生真菌(Endophyte)包含的范围还存在一定的争议。从学术界现阶段的大多数用法来看,存在着"广义的内生真菌"和"狭义的内生真菌"的区别。广义的内生真菌指在其生活史一定阶段或全部阶段生活于健康植物的各种组织和器官的细胞内部或者间隙的真菌,包括生活史中某一阶段营表面生的腐生真菌,对宿主暂无伤害的潜伏性病原真菌和菌根真菌[9]。狭义的内生真菌指生活于健康植物的各种组织和器官的细胞内部或间隙的真菌[9]。

内生真菌的分布非常广泛,它们的宿主植物涉及草本、灌木、针叶树和藻类等多个类群,特别以禾本科植物最为常见。从世界范围来看,目前已发现有内生真菌至少存在于 80 个属 290 多种禾本科植物中[11]。其中分布最广和研究较多的内生真菌是香柱菌属 *Epichloë* 及其无性型 *Neotyphodium*[12]。

1.1.2　禾草内生真菌在宿主体内分布特征、生活史和分类

禾草内生真菌菌丝大多数存在于植物的顶部茎秆分生组织中,也分布在植物的叶片、叶鞘、种子和穗中,因而它们被作为植物内生真菌来研究,这类内生真菌的宿主植物主要集中在两个单子叶植物科:禾本科(Poaceae)和莎草科(Cyperaceae)中[13]。内生真菌菌丝密度在营养器官中的高低顺序为:茎基部分生组织>叶鞘>叶片。在种子中,主要分布于稃片与糊粉层间,而胚组织中分布很少[14]。内生真菌的生活史包括内生真菌在植物体内生长和繁殖过程。研究表明,内生真菌菌丝位于禾草地上部分的细胞间隙,内生真菌可以从细胞间隙中获取养分并沿着植物细胞伸长方向生长[15],当宿主开花时,菌丝进入胚珠,成为种子当中的一部分[16]。近期研究发现,在宿主禾草

中 epichloë 内生真菌可以通过居间分裂和延伸的方式,而不是菌丝顶端延伸的方式生长,以确保和宿主扩展速度的同步[17-19]。禾草内生真菌的繁殖是随着内生真菌在宿主种群中的传播而进行的。内生真菌主要有两种繁殖方式,即有性繁殖和无性繁殖[13]。无性繁殖主要通过内生真菌在宿主间的垂直传播(vertical transmission),即大部分时间内生真菌处于植物体内,当宿主在开花、结实时,菌丝进入宿主植物的花序和种子当中。当种子在适当条件下萌发时,内生真菌会随着种子的萌发而进入新形成的个体中,从而实现内生真菌在宿主母株和子代间的传播[20]。有性繁殖主要通过内生真菌在宿主间的水平传播(horizontal transmission),内生真菌长时间处于植物体内,当宿主形成生殖枝时,内生真菌在其生殖枝的旗叶基部形成子实体(子座,stroma),抑制宿主开花和结实(又称"香柱病")。内生真菌通过形成有性孢子,借助虫媒的作用,与其他植株上配型相反的有性孢子结合,并产生子囊孢子来感染新的植株[21]。研究表明,内生真菌子座的产生比例以及水平传播发生的可能性受到环境条件的影响,例如施肥和遮阴能使得 *Epichloë sylvatica* 在小颖短柄草(*Brachypodium sylvaticum*)上产生更多的子座[22];感染 *Epichloë typhina* 的大叶章(*Deyeuxia purpurea*)只在较湿润和养分条件较好的生境下产生子座,而其在养分贫瘠的生境中不产生子座[23]。此外,有些 epichloë 内生真菌产生在叶片表面附生的孢子(epiphyllous conidia),能够在水的媒介下进行传播[24]。

White 按照内生真菌与禾草宿主的关系,将内生真菌分成 3 种类型[25]:类型Ⅰ:水平传播。内生真菌能在大多数带菌植株的生殖枝上产生子座,因此宿主的有性繁殖被完全抑制,表现为"香柱病"的典型特征。内生真菌与宿主间为拮抗关系。虽然能够产生子囊孢子,但可能受环境条件的影响,或者是缺乏适当的媒介,这些子囊孢子并不侵染周围的未染菌植株。因此,这种类型内生真菌主要通过宿主植物的克隆生长来进行传播,所以染菌的禾草种群依然比较小。近期研究表明,这种类型的内生真菌广泛分布于多个禾本科的亚科植物和一些莎草科植物上。早在 1959 年,这类型的内生真菌被Bradshaw 在细弱剪股颖(*Agrostis tenuis*)上发现[26]。类型Ⅱ:内生真菌只在少数带菌个体上(1%~10%),而且这些个体往往是部分生殖枝上产生子座。与类型Ⅰ相比,这种类型的内生真菌降低其对宿主的负面影响,带菌种群中通常有 50%～75% 的个体带菌,在不同的宿主种群中基本保持这个比例。Leuchtmann 和 Clay 通过人工接菌的研究,也发现大多数感染 *Epichloë typhina* 菌的披碱草属(*Elymus* spp.)植株同一个体上,往往同时存在带有子座的和产生种子的两类生殖枝[27]。这种只在宿主植株的部分生殖枝上产生子座的营有性生殖,进行水平传播,同时随着宿主的无性繁殖进行垂直传播的方式,称为混合传播方式。对混合传播方式的研究,有助于发掘内生真菌传播方式的演变历程。研究表明,这种类型内生真菌产生子座的原因主要是受其自身的调控[27],并且在宿主生殖枝产生的比例受到植物的生长和环境条件影响。目前,在加拿大披碱草(*Elymus canadensis*)、弯穗雀麦(*Bromus anomalus*)和剪股颖(*Agrostis hiemalis*)等禾草上发现这类型内生真菌[25]。
类型Ⅲ:内生真菌只通过宿主种子进行垂直传播,由于此类菌的繁殖完全依赖宿主的繁殖,因此,一般认为这种类型的内生真菌与宿主是互利共生的。在高羊茅、黑麦草、睡眠草(*Achnatherum robustum*)和羽茅(*Achnatherum sibiricum*)上都存在有这类型内生真菌。

植物内生真菌中开展最早、研究最多的是禾本科植物中的 *Epichloë* 属及其无性型 *Neotyphodium* 属的真菌。从进化角度来看[28],香柱菌属从有性型 *Epichloë* 演化成无性型 *Neotyphodium* 是一种进化,因为冷季型草存在的高纬度和高海拔地区,孢子传播的机会少,因此种子传播更有利;同时这也是生殖隔离的一种手段,种子传播能免除交叉感染;另外,宿主植物从败育到能育的转变使其不仅具有旺盛的生长力和抗取食能力,还具有繁殖的能力,是一种保护种子不被取食的策略;在染菌水平较高的条件下,通过种子传播比产生孢子侵染新个体的机会更大。

1.2 人工禾草-内生真菌共生关系的研究进展

关于内生真菌和宿主禾草共生关系的研究较多集中于人工栽培的草坪植物和牧草,特别是对高羊茅(*Fescuta arundinacea*)和黑麦草(*Lolium perenne*)的研究最多,但很多研究得到的结果存在不一致性。不同宿主植物-内生真菌共生体的相互作用结果不同。例如,有研究表明:内生真菌感染对高羊茅竞争能力影响的大部分表现为正效应[29],而对黑麦草的影响则大部分表现为负效应[7,29]。Marks 等研究感染内生真菌的高羊茅和黑麦草的种内和种间竞争发现,内生真菌感染显著提高高羊茅的种内和种间竞争能力;而相反地,未感染内生真菌的黑麦草植株比染菌植株在种内和种间竞争中都表现得更好[29]。

在对黑麦草的研究中,Cheplick 等进行两次间歇性干旱胁迫和恢复处理后发现,内生真菌感染对宿主没有正效应,甚至还降低宿主植株的分蘖数[30]。Cheplick 在另一个使用黑麦草进行一个 3 次连续的干旱恢复实验中发现内生真菌对宿主有负效应:不染菌植株比染菌植株具有更多的分蘖数、叶面积和总生物量[31]。梁宇等[32]研究发现,在轻度水分胁迫下,内生真菌感染对黑麦草植株的群体净光合速率无显著影响;但重度水分胁迫下,染菌黑麦草种群的水分利用效率和净光合速率显著高于不染菌种群。Hesse 等将野外三种不同生境下感染内生真菌的黑麦草染菌植株移植室内,把移植的每个植株一半分蘖经杀菌处理用作不染菌对照,然后干旱胁迫处理,发现从干旱地区移植的植株在水分充足的条件下,染菌植株的生长速率低于不染菌植株,而在干旱胁迫下,染菌植株产生的分蘖数多于不染菌植株,种子产量也比不染菌植株高;从湿润地区移植的植株,染菌植株比非染菌植株对干旱胁迫更敏感,这说明内生真菌与宿主植物的相互关系可能与宿主植物的原生境有关,它们之间的共生关系可能是长期的自然选择的结果[33]。Hahna 在对黑麦草进行干旱实验时候发现,对于形态指标如叶片生长速率和地上生物量,内生真菌感染并没有影响;但是内生真菌感染显著提高宿主植株的生理指标,如水分利用效率、相对水分含量和渗透势[34]。

在对高羊茅的研究中,White 等在有关内生真菌-高羊茅共生体抗旱性的实验中发现,与未感染植株相比,感染内生真菌的植株表现出更强的抗旱特征:根系生物量更大并且分布更深,叶片更厚且更窄,同时卷曲现象更普遍[35]。Bacon 也认为,高羊茅染菌植株老叶的早落和幼叶的卷曲是重要的抗旱特性[36]。Marks 和 Clay 的研究发现,当叶温较低时,染菌和不染菌高羊茅植株的 CO_2 交换速率没有显著差异;而当叶温高于 35 ℃时,染菌植株的 CO_2 交换速率比未染菌植株高 20%～25%,差异显著[37]。在温室中模拟干旱胁迫的实验发现,在轻度干旱条件下,高羊茅染菌植株与不染菌植株在渗透势和生物量方面没有显著差异，在对重度干旱组复水后发现，染菌植株的叶片展开程度以及根系活力远远高于不染菌植株，这表明在重度干旱处理下，内生真菌感染对于高羊茅植株的生长恢复有增益效果[38]。

近些年也有研究报道，相同宿主植物-内生真菌共生体的相互作用与宿主植物基因型或者内生真菌种类的关系。例如，Elbersen 和 West 以高羊茅为研究对象，比较水分胁迫下三种不同基因型的高羊茅脯氨酸含量，结果表明感染内生真菌植株的脯氨酸含量比非感染植株低，他们推断内生真菌感染使宿主植物受到的胁迫程度降低，感染植株的脯氨酸含量的积累不仅与水分状况有关，可能还与其他因子有关[39]。Marks 和 Clay 发现，在 13 个不同基因型的高羊茅中，内生真菌感染和宿主基因型的相互作用显著影响碳交换速率和叶片气孔导度[37]。Richardson 对高羊茅的净光合、蒸腾速率、气孔导度、胞间 CO_2 浓度和水分利用效率进行研究，结果表明高羊茅的四个基因型在净光合上具有差异，而在染菌与不染菌植株之间不存在确定的差异[40]。Assuero 等研究用两种（AR501，KY31）不同的内生真菌分离株分别接种两个（MK，FP）高羊茅栽培种，然后在不同水分处理下，比较染菌与不染菌植株在形态和生理上的差异，结果发现，转接内生真菌的植株在形态和抗旱性的生理的指标上相对于非感染植株更具有优势，不过不同菌株与植物的组合也表现出不同的差异结果[41]。

关于内生真菌种类对人工禾草-内生真菌共生关系的影响，很多研究集中于不同内生真菌种类产生的生物碱不同，以及人工转接不同的内生真菌种类到人工禾草中的技术方法。不同内生真菌种类会促使宿主植物产生不同种类的生物碱。这些生物碱主要包括四大类：麦角碱类、饱和吡咯化合物、吲哚双萜类和波胺[42]。其中，黑麦草共生的内生真菌 N. lolii 能产生三种生物碱：黑麦草神经毒素 B（lolitrem B）、麦角缬碱（ergovaline）和伯胺（peramine）[43]。有研究认为黑麦草神经毒素 B 是导致羊出现黑麦草蹒跚症的主要原因[44]，而麦角缬碱是导致动物出现羊茅中毒症的诱因。而在高羊茅中，黑麦草碱，尤其是麦角碱能使取食动物产生羊茅毒症，使动物体温升高，血管收缩加剧，繁殖和奶产量降低，以及家畜羊茅中毒症或蹄坏疽症[45]。但是，人工禾草宿主相对来说比较单一，感染的内生真菌的种类也较少，与一种内生真菌共生的宿主通常很单一，人们为要研究多种内生真菌对同一个宿主的影响时,用人工转接的方法,比如,2004 年,Nihsen 等从野生的高羊茅中分离出不产麦角碱的内生真菌,并成功地把这种内生真菌转接到非天然宿主中,发现新的共生体对取食的牛羊没有毒害作用[46]。Malinowski 等[47]对高羊茅两个染菌基因型 DN2 和 DN4 进行的实验结果表明,DN2 与不染菌植株相比,其多数养分元素吸收增多并更多地向地上部分运输,而 DN4 得到的结果不一致。Latch 和 Christensen 将黑麦草(*Lolium perenne*)和高羊茅(*Fescuta arundinacea*)中分离到的 5 种内生真菌进行同源宿主和异源宿主的幼苗转接,并且获得成功感染的植株,然后对成功幼苗转接的植株收获种子,检测其染菌情况,结果表明,分离得到的内生真菌回接到原宿主植物都能成功感染,但接种到非原宿主的植株上则只有少部分感染暂时成功,收获的种子再次检测感染情况,只有接种 *Acremonium loliae* 和 *Gliocladium-like* sp. 植物的种子全被感染,而接种 *Phialophora-like* sp. 和 *Epichloë typhina* 植物的种子只有部分成功感染[48]。尽管有一定的接种成功,但是由于它是非天然宿主,有可能存在相容性或者持续性的问题。因此,虽然已报道一些研究结果,但是这个结果是否与自然条件下感染内生真菌的宿主有相似性或者可比性呢? 这一科学问题还有待证实和商榷。

虽然关于影响人工禾草-内生真菌共生关系的因素报道很多,且结果具有不一致性,但是,大部分栽培禾草是定向培育形成的,其宿主基因型之间的差异很小,而且感染的内生真菌种类单一,虽然通过人工转接能成功感染宿主,但因受到非同源性排斥等使得进行相关研究的条件难以满足,并且关于综合考虑内生真菌种类,宿主植物基因型以及水分和养分条件三者共同的作用结果,目前还很少有研究报道。

1.3 天然禾草-内生真菌共生关系的研究进展

内生真菌不仅存在于高羊茅和黑麦草等人工草地的栽培中,而且在天然草地的牧草中也有广泛分布。自然生态系统天然禾草内生真菌共生体的关系比人工禾草内生真菌共生体更加复杂多变。*Neotyphodium* 对天然禾草宿主的影响可能是随着养分有效性[49-50]、食草性[51]、周围群落[52]的改变而发生变化,以及通过宿主与内生真菌之间的遗传相互作用而发生变化[53-54]。这些复杂多变的结果是由于遗传相互作用在常见的天然禾草-内生真菌共生体引起的抗食草动物[55-56]、在共生关系中的地理变化[57]、非随机的宿主-内生真菌种类的组合[58]以及局部适应性[33]。这些多变的结果甚至可对宿主植物产生负效应而产生禾草-内生真菌结合[53,59-60]。

　　天然禾草中的内生真菌具有较高的生物多样性。首先,禾本科植物内生真菌的物种具有多样性,目前所发现的禾本科植物内生真菌共有 8 个属,它们分别是:*Atkinsonella* 属,*Balansia* 属,*Balansiopsis* 属,*Epichloë* 属,*Neopythodiom* 属,*Myriogenospora* 属,*Gliocladium* 属和 *Phialophora* 属[61]。其次,禾本科植物内生真菌的宿主具有多样性,魏宇昆等[12]对中国北方地区 172 个禾草地理种群的内生真菌感染状况进行广泛调查后发现,在所有检测的 41 种禾草中,25 种禾草感染内生真菌。目前大约在早熟禾亚科30％的种中发现有内生真菌[62]。Clay 和 Leuchtmann 从大量的文献资料总结出 76 属 243 种以上的禾本科植物中含有各种内生真菌,其中含有 Neopythodiom 属内生菌的植物有 11 个属[63]。美国、新西兰等国已报道 *Neopythodiom* 属内生真菌的禾本科植物已有 23 个属,它们是芨芨草属(*Achnatherum*)、冰草属(*Agropyron*)、剪股颖属(*Agrostis*)、*Ammophilal*属、短柄草属(*Brachypodium*)、细坦麦属(*Sitanion*)、楔鳞茅属(*Sphenopholis*)、雀麦属(*Bromus*)、拂子茅属(*Calamagrostis*)、单蕊草属(*Cinna*)、鸭茅属(*Dactylis*)、披碱草属(*Elymus*)、偃麦草属(*Elytrigia*)、羊茅属(*Festuca*)、猬草属(*Hystrix*)、黑麦草属(*Lolium*)、臭草属(*Melica*)、发草属(*Descampsia*)、*Echinopogon* 属、早熟禾属(*Poa*)、棒头草属(*Polypogon*)、鹅观草属(*Roegneria*)和针茅属(*Stipa*)[63-64]。再次,禾本科植物内生真菌在宿主体内分布多样,*Neopythodiom* 属内生真菌在宿主体表不产生任何症状,随植物种子进行垂直传播[13]。在适宜的种子保存条件下,这种菌丝体在糊粉层细胞中,通常能存活多年。*Epichloë* 属内生真菌通常在旗叶的叶鞘上形成子座,阻碍植株的抽穗和结实[65]。最后,禾本科植物内生真菌的地理分布具有多样性。内生真菌在同种禾草不同地理种群中的分布特征是目前涉及较少的领域,但已发现内生真菌在某些禾草群体中的分布因地理区域而异。如在美国得克萨斯州西部山地的弯穗雀麦(*Bormus anomalus*)中内生真菌

(*N. starrii*)的含有率为 43%,而在其他地区采集到的样品中内生真菌感染率却非常低[62]。在我国同样发现不同地域同种禾草群体中染菌率的差异,如产于甘肃山丹的中华羊茅(*F. sinensis*)带菌率为 100%,而采自甘肃甘南州的同种牧草,种子带菌率仅为 4.5%[64]。纪燕玲等对我国鹅观草属植物内生真菌的资源进行调查和收集,在 9 省 1 市共 17 个地区共采集 7 个种的鹅观草属植物 1 078 株,从其中 6 个种的 233 个样品中检测到内生真菌,总含有率为 21.6%[66]。天然禾草中的内生真菌除具有较高的多样性特征外,还表现在同一宿主感染多种内生真菌,例如,张欣等从西乌旗样地中的羽茅中共分离得到 6 种形态型的内生真菌[67]。亚利桑那羊茅(*Festuca arizonica*)的个体种群中宿主植物主要被杂交型或者非杂交型 *Neotyphodium* 内生真菌感染[68-69]。

国内对天然禾草与内生真菌共生关系的研究起步较晚,但是发展却很迅速,关于天然禾草-内生真菌的研究已有不少报道。南志标研究温室条件下 *Neotyphodium* 内生真菌对布顿大麦草(*Hordeum bodganii*)的生物量、分蘖数等指标的影响,结果表明,与未染菌植株相比,染菌植株的总生物量、地上部干物质产量、根干重和每株植物的分蘖数均显著增加[70]。在田间条件下,南志标和李春杰以圆柱披碱草为材料,研究 *Neotyphodium* 内生真菌对宿主植物生长的影响,结果发现,染菌植株每株的分蘖数增加 84.5%,地上部干重增加 278.7%,每枝分蘖重增加 105.3%[64]。李飞对感染 *N. gansuense* Li et Nan 内生真菌的醉马草(*Achnatherum inebrians*)进行抗干旱的研究,结果发现内生真菌可以提高干旱地区醉马草种子的发芽率和发芽速度,促进胚根和胚芽的生长。在重度干旱胁迫下,与不染菌植株相比,内生真菌能够明显促进干旱地区染菌醉马草的地下生物量的累积,增大植株的根冠比[71]。林枫等研究内蒙古中东部草原三个不同样地(羊草样地、西乌旗样地和霍林河样地)中 *Neotyphodium* 内生真菌感染对宿主羽茅(*Achnatherum sibiricum*)种群的光合生理特性影响,结果表明,自然条件下,羊草样地和西乌旗样地染菌羽茅植株的净光合速率显著高于不染菌羽茅,三个样地中 *Neotyphodium* 内生真菌对宿主羽茅的光能利用效率、蒸腾速率、水分利用效率、气孔导度均无显著影响,并且他们的研究结果认为非气孔因素是引起羽茅植株午间净光合速率降低的主要原因,与是否染菌没有必然联系[72]。大多数研究只是对感染与不感染内生真菌进行比较,考虑到天然禾草中内生真菌的多样性,应该对内生真菌的不同种类也进行比较,目前这方面的工作都较少。例如,Sullivan 和 Faeth 发现,杂交型(H+)宿主比非杂交型(NH+)宿主在低水分和低养分的环境下具有更高的体积和质量的比[68]。还有研究报道,自然条件下感染不同种内生真菌的羽茅,无论是分蘖数与生物量的积累还是光合生理值之间均无显著差异[73]。Hamilton 等发现,杂交型内生真菌增强宿主植物在胁迫环境下的存活力,并且杂交型内生真菌感染可以增加植物在资源短缺的环境下的适应性[74]。

一些研究发现天然禾草上的水平传播和垂直传播内生真菌对宿主的影响不同,且 *Epichloë* 属内生真菌与天然禾草共生对宿主的有益影响可能小于 *Neotyphodium* 属内生真菌,原因是 *Epichloë* 属内生真菌能在宿主部分或全部生殖枝上产生子座,抑制宿主的开花和结实[75];也可能与 *Neotyphodium* 属内生真菌相比,多数 *Epichloë* 属内生真菌不产生物碱或生物碱的产生水平很低[76]。许多研究报道内生真菌通过产生生物碱而增强宿主植物的抗食草动物啃食的能力[14,15,77]。对于一些天然禾草,例如睡眠草感染的内生真菌可以产生四种不同类型的生物碱,每种生物碱不同的生物活性可以使得宿主抗脊椎动物或者脊椎动物的啃食[76,78]。而且,一些研究表明自然种群中的天然禾草比栽培禾草能感染的内生真菌具有更多样的基因型[7]。这些内生真菌中多样的单倍体可以使宿主具有不同的表型,包括生物碱类型和水平,例如不同内生真菌单倍体对宿主的影响要大于染菌与非染菌之间的差异影响[79-81]。例如,在新墨西哥州的 Cloudcroft 种群中,睡眠草通常感染的内生真菌对食草动物有毒并且具有麻醉作用,其原因就是睡眠草能产生非常高的麦角碱[82-83]。其他种群比如新墨西哥州的 Weed 种群因为感染不同种类的内生真菌而产生非常低的或者不产生麦角碱[57]。然而,基本上染菌与不染菌植株由于生物或者非生物胁迫随着时间和空间的改变,而导致宿主具有的生物碱水平不同,并且由于不同传播类型内生真菌的宿主不同,因此很难确定内生真菌的直接贡献。

通过上述研究结果发现,虽然自然界中天然禾草普遍感染内生真菌,但同一种天然禾草感染的内生真菌多样性高,不仅包含不同内生真菌种类,还有不同的内生真菌传播方式,并且在自然条件下,宿主植物的基因型随着不同地理环境的变化而差异较大,因此,这为研究禾草-内生真菌共生关系提供理想材料,然而,利用人工转接的技术方法,将影响禾草-内生真菌共生关系的三个重要因素即内生真菌种类、宿主植物基因型以及水分和养分条件综合在一起进行实验研究的报道还很少,因此,本书为研究禾草-内生真菌共生关系可以提供重要的生态学依据。

1.4 问题的提出和研究内容

内生真菌与禾草的共生普遍存在,然而,内生真菌与禾草的共生关系从有利、中性到不利均有报道。结合已有的研究,本书推测,禾草-内生真菌共生关系的不稳定性不仅受到共生体生境的影响,而且受到内生真菌种类和宿主植物基因型的影响。人工禾草是定向培育形成的,宿主基因型之间差异小,内生真菌种类单一,通过人工转接虽然能成功感染,但因受到非同源性排斥等使得进行相关研究的条件难以满足;而天然禾草也感染内生真菌,且同一种禾草中内生真菌多样性高,不仅有不同内生真菌种类,还有不同的内生真菌传播方式,宿主的基因型变异较大,是进行相关研究的理想材料。为测定内生真菌种类、宿主基因型,以及重要环境因子水分和养分对共生关系的影响,本书选择我国内蒙古草原植物羽茅(*Achnatherum sibiricum*)、美国西南部睡眠草(*Achnatherum robustum*)、美国亚利桑那羊茅(*Festuca arizonica*)3 种天然禾草为研究对象,其中,羽茅和睡眠草都属于禾本科芨芨草属的多年生草本植物,主要通过种子繁殖,羽茅的生态幅较宽,多见于我国东北、华北和黄土高原地区,内蒙古的各类草场中也较为常见;睡眠草多分布于美国亚利桑那、新墨西哥州、科罗拉多州、怀俄明州以及蒙大拿州的高海拔地区,常存在于松-草草原生态系统中;亚利桑那羊茅是禾本科羊茅属中的一种多年生草本植物,是北美黄松-丛生禾草群落草本层的优势种,主要分布在美国亚利桑那州、内华达州和科罗拉多州。

内生真菌感染对不同地理
种群羽茅生长及生理特性的影响

从前人的研究可以看出,大多数对 *Neotyphodium* 内生真菌-宿主关系的研究都集中在宿主植物生长的某一阶段,而对宿主植物不同生长阶段内生真菌的影响研究甚少,并且关于禾草-内生真菌的关系有的报道为正效应,有的报道为无显著效应,还有的报道为负效应。为了进一步探究羽茅和内生真菌的关系,本书从不同地理种群羽茅以及宿主的不同生长阶段入手,采用同地栽培的方式,探讨在生长环境相同的情况下,*Neotyphodium* 内生真菌感染对羽茅生长及生理特性的影响。

2.1 材料与方法

2.1.1 实验材料

羽茅种子在 2005 年分别采集自内蒙古草原的海拉尔(HLE)和锡林浩特定位站(DWZ)。海拉尔位于内蒙古自治区东北部,地势东高西低,多为丘陵,平均海拔为 612.9 m,属中温带半湿润半干旱大陆性季风气候,年平均气温为－2 ℃,年降水量为350 mm,土壤类型为暗栗钙土。海拉尔区域气候特点:春季多大风而少雨,蒸发量大;夏季温凉而短促,降水集中;秋季降温快,霜冻早;冬季严寒漫长,地面积雪时间长。

锡林浩特定位站海拔为1 190 m,寒冷、多风、干旱,年平均气温为2.35 ℃,年降水量为350 mm,属中温带半干旱、干旱大陆性季风气候。春季气温回升迅速,风多风大雨量少;夏季凉爽多雨,雨量变率较大;秋季天气凉爽,天气晴朗,风力不大,气候稳定;冬季漫长严寒。采集的羽茅种子一部分在4 ℃冰箱中保存,可以使羽茅种子中内生真菌长期具有活性;另一部分种子在室温放置18个月后,使种子中内生真菌活性急剧降低,然后再将室温放置的种子移至4 ℃冰箱中保存。

2.1.2　羽茅的种植与培养

2009年4月,选取两个地理种群中饱满成熟的羽茅种子,播种于装满蛭石的花盆中,置于温室中培养。羽茅长到足够多可检测分蘖后,进行内生真菌的检测,确定染菌(E＋)和不染菌(E－)的植株,每个地理种群羽茅30盆,E＋和E－植株各15盆,2009年5月初将羽茅置于田间继续进行培养。2009年6月到2009年8月对羽茅E＋和E－植株不同生长阶段下的形态变化,生理指标和光合特性进行比较研究。

2.1.3　生长指标的测定

实验初期5月末和6月中旬测定海拉尔和锡林浩特定位站羽茅E＋和E－植株的株高、叶片数、分蘖数,每个地理种群中E＋和E－羽茅各15个重复。6月到8月每月测定一次植株的叶面积,然后在80 ℃条件下烘干至恒重,用电子天平(精度为0.000 1 g)称重,然后计算比叶重:比叶重(LMA)＝叶片干重/叶面积,单位为g/m²,每个地理种群中E＋和E－羽茅各6个重复。实验末期收获羽茅的生物量,烘干至恒重并计算根冠比(根冠比＝根生物量/地上部生物量)。

2.1.4　生理指标的测定

叶绿素的测定:将丙酮和无水乙醇(1∶1)混合成浸提液,准备好,摘取测定光合的新鲜叶片,剪碎放入 15 mL 的带塞试管中,加入 10 mL 浸提液,加塞置于暗处,于室温下进行浸提,待材料完全变白后,测波长 663 nm、645 nm 处的吸光值,根据公式计算叶绿素 a、叶绿素 b、总叶绿素含量[63]。每个地理种群中 E+和 E-羽茅各 3 个重复。

叶片氮含量的测定:将烘干的已测量面积的叶片粉碎,称取 0.014 0 g 样品用常规的凯氏定氮法进行叶片全氮含量(以单位干物质重的叶氮含量表示,N_{mass})的测定。每个地理种群中 E+和 E-羽茅各 3 个重复。

2.1.5　光合光响应的测定

选取天气晴朗的时候,从 2009 年 6 月到 2009 年 8 月,每月测定一次,每次从 9:00 am 到 12:00 am 时,对不同地理种群的羽茅进行光合生理指标的测定,测定系统为开放式气路,光强由 LI-6400-02BLED 红蓝光源进行自动控制,设定温度为 25 ℃,在自然 CO_2 浓度条件下(大约为 400 $\mu mol/mol$),用 LI-6400 光合作用测定仪对 E+和 E-羽茅新叶完全展开的第一只叶片进行光合光响应测定。在不同光合有效辐射通量密度[PPFD:1 800 $\mu mol/(m^2 \cdot s)$、1 500 $\mu mol/(m^2 \cdot s)$、1 200 $\mu mol/(m^2 \cdot s)$、1 000 $\mu mol/(m^2 \cdot s)$、800 $\mu mol/(m^2 \cdot s)$、600 $\mu mol/(m^2 \cdot s)$、400 $\mu mol/(m^2 \cdot s)$、200 $\mu mol/(m^2 \cdot s)$、150 $\mu mol/(m^2 \cdot s)$、100 $\mu mol/(m^2 \cdot s)$、50 $\mu mol/(m^2 \cdot s)$ 和 0 $\mu mol/(m^2 \cdot s)$] 下自动记录叶片净光合速率,每个地理种群中 E+和 E-羽茅各 3 个重复。

2.1.6　数据处理及分析

本书中 P_n 对光强的响应符合 Michaelis-Menten 的直角双曲线方程,其表达式为:

$$P_n = \frac{\alpha I P_{max}}{\alpha I + P_{max}} - R_d$$

式中　　P_n——净光合速率,$\mu mol/(m^2 \cdot s)$;

　　　　α——光合速率的光响应曲线的初始斜率,它反映了表观量子效率(AQY);

　　　　I——光量子通量密度 PPFD,$\mu mol/(m^2 \cdot s)$;

　　　　P_{max}——光饱和时的最大净光合速率,$\mu mol/(m^2 \cdot s)$;

　　　　R_d——叶片的暗呼吸速率,$\mu mol/(m^2 \cdot s)$。

利用 SPSS 统计软件对光响应数据进行拟合,得到相应参数值。该曲线与 X 轴交点的横坐标值即为光补偿点(LCP)。由于 PPFD 在 $0\sim200\ \mu mol/(m^2\cdot s)$ 的 P_n 观察值近似一条直线,它与 $Y=P_{max}$ 直线相交,交点所对应 X 轴的数值为光饱和点(LSP)。

气孔限制值(L_s)公式:

$$L_s = 1 - C_i/C_a$$

式中　C_i——胞间 CO_2 浓度,$\mu mol/mol$;

　　　C_a——大气 CO_2 浓度,$\mu mol/mol$。

光能利用效率计算公式:

$$LUE = P_n/PAR$$

水分利用效率计算公式:

$$WUE = P_n/T_r$$

光合氮利用效率计算公式:

$$PNUE = P_{max}/(1/14 N_{mass} \times LMA)$$

式中　LUE,WUE——光能利用效率($\mu mol/\mu mol$)和水分利用效率(mmol/mol);

　　　PNUE——光合氮利用效率,$\mu mol\ CO_2/(mol\cdot s)$;

　　　PAR——光合有效辐射,$\mu mol/(m^2\cdot s)$;

　　　T_r——蒸腾速率,$mmol/(m^2\cdot s)$[65]。

应用 SPSS13.0 软件进行统计分析,对数据采用单因素方差分析(One-way ANOVA)和最小显著差异法(LSD)($P<0.05$)进行比较。

2.2　结果与分析

2.2.1　羽茅的生长指标

2.2.1.1　羽茅生长初期的形态变化

实验初期,我们对羽茅前期的生长变化分别于 5 月末和 6 月中旬进行了测量,羽茅生长前期分蘖数较少,仅为 1 到 3 个分蘖,差异不明显。从图 2-1

中可以看出,5月末,海拉尔的E+羽茅的株高平均值为11.42 cm,显著高于海拉尔E-的株高,而定位站的E+羽茅和E-羽茅的株高值没有显著差异,但定位站E+羽茅的平均株高比海拉尔E+羽茅大5.3%。6月中旬,海拉尔羽茅E+与E-的株高差异不显著,而定位站羽茅的株高值表现为E-显著高于E+。5月末和6月中旬,内生真菌感染对两个地理种群的羽茅叶片数均无显著的影响。

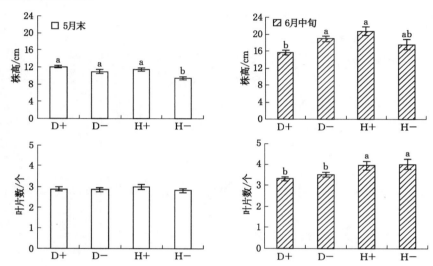

图 2-1　不同地理种群羽茅生长初期的株高、叶片数的比较

D——定位站;H——海拉尔

[注:英文字母的异同表示各值之间差异是否显著($P<0.05$)]

这表明在羽茅生长的初期,内生真菌对海拉尔的羽茅株高的变化有显著的促进作用,而定位站的染菌羽茅却没有表现出相同的结果,可见,内生真菌对羽茅生长初期形态变化的影响与不同的地理种群有一定关系。

2.2.1.2　羽茅不同生长阶段的比叶重

从图 2-2 中看出,6月定位站E+与E-羽茅之间的LMA没有显著差异,但海拉尔E+植株的LMA平均值为13.4 g/m²,显著高于海拉尔E-植株的LMA;7月这两个地理种群的羽茅迅速生长,LMA值也都迅速增加,其中,定位站E+和E-的LMA值分别比6月份增加了71.8%和68.2%,并且定位站E+植株的LMA最大值达到48.6 g/m²,海拉尔E+和E-羽茅的

LMA 比 6 月分别增加了 66.4% 和 69.9%,但各种群内 E+和 E-植株的这一指标均没有显著的差异。

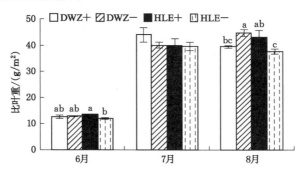

图 2-2 内生真菌感染对不同生长阶段羽茅比叶重的影响

8 月这两个地理种群中内生真菌感染对羽茅 LMA 的影响结果不同,其中,定位站 E-羽茅植株的 LMA 平均值达到 44.8 g/m²,显著高于 E+植株,而海拉尔 E+羽茅的 LMA 显著高于 E-羽茅,这与 6 月内生真菌对海拉尔羽茅 LMA 的影响结果一致。这表明,海拉尔地理种群中,内生真菌感染对生长于 6 月和 8 月的羽茅比叶重可能有显著的促进作用,但内生真菌对定位站羽茅的比叶重没有表现出正效应。可见,内生真菌对羽茅比叶重的影响与其所处的不同生长阶段密切相关,而且在不同地理种群中,这种影响也不尽相同。

2.2.1.3 羽茅生长末期的生物量分配

由图 2-3 可看出,2009 年 8 月海拉尔 E+羽茅的地上部生物量高于 E-羽茅,根重和根冠比则是海拉尔 E-羽茅大于 E+羽茅,但定位站的羽茅地上部生物量以及根重、根冠比的分配趋势却与海拉尔相反,两个种群中羽茅的总生物量变化趋势一致,都是 E+羽茅高于 E-羽茅,海拉尔羽茅的总生物量比定位站的羽茅总生物量高 16.9%,但这些差异均不显著,表明在羽茅生长末期,不同地理种群内生真菌感染对羽茅生物量的分配没有显著的影响。

2.2.2 羽茅的生理指标

2.2.2.1 羽茅不同生长阶段的叶绿素含量

由表 2-1 的分析结果可知,6 月定位站 E+的叶绿素 a 含量的平均值为

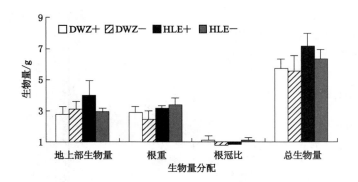

图 2-3 不同地理种群内生真菌感染对羽茅的生物量分配的影响

1.99 mg/g,显著高于海拉尔 E—植株的叶绿素 a 含量,并且定位站 E+植株的叶绿素 b 含量以及总叶绿素含量也分别显著高于海拉尔的 E—植株的叶绿素含量。各个地理种群内的 E+与 E—羽茅的叶绿素 a 含量、叶绿素 b 含量,以及叶绿素 a/b 和总叶绿素含量在 7 月和 8 月也差异不显著。这表明虽然不同地理种群的羽茅光合色素之间在羽茅生长前存在一定差异,但从染菌情况来看,两个地理种群中,内生真菌感染对羽茅的叶绿素含量都没有显著的影响。

表 2-1 各月不同地理种群羽茅叶绿素各含量指标(平均值±标准差)

月份	地理种群	染菌状况	叶绿素 a 含量/(mg/g)	叶绿素 b 含量/(mg/g)	叶绿素 a/b	总叶绿素含量/(mg/g)
6 月	DWZ	E+	1.99±0.39a	0.62±0.12a	3.21±0.11	2.63±0.51a
		E-	1.61±0.15a	0.49±0.03ab	3.26±0.12	2.12±0.17ab
	HLE	E+	1.81b±0.22ab	0.54±0.06ab	3.35±0.08	2.38±0.27ab
		E-	1.50±0.02b	0.46±0.02b	3.29±0.09	1.98±0.04b
7 月	DWZ	E+	1.88±0.04	0.79±0.22	2.50±0.61	2.69±0.25
		E-	1.96±0.30	0.62±0.13	3.19±0.24	2.61±0.44
	HLE	E+	2.60±0.27	0.79±0.10	3.29±0.22	3.43±0.37
		E-	2.21±0.36	0.79±0.31	2.98±0.73	3.04±0.65

月份	地理种群	染菌状况	叶绿素 a 含量/(mg/g)	叶绿素 b 含量/(mg/g)	叶绿素 a/b	总叶绿素含量/(mg/g)
8 月	DWZ	E+	2.33±0.13	0.70±0.03	3.34±0.16	3.06±0.15
		E−	2.28±0.05	0.73±0.06	3.13±0.20	3.04±0.11
	HLE	E+	2.08±0.16	0.64±0.04	3.25±0.07	2.75±0.20
		E−	2.10±0.24	0.70±0.13	3.03±0.24	2.83±0.37

注：英文字母 a,b 的异同表示各月同列各值之间差异是否显著（$P<0.05$）。

2.2.2.2　羽茅不同生长阶段的叶片氮含量

如图 2-4 所示，海拉尔羽茅的叶片氮含量百分比在 6 月最低，为 1.5%，7 月达到叶片氮含量的最大百分比，为 2.9%，8 月略有下降的趋势；定位站 E−羽茅植株氮含量的变化趋势与海拉尔的相同，而定位站 E+羽茅植株的叶片氮含量变化则相反，并且 7 月海拉尔 E+羽茅的氮含量显著高于定位站 E+羽茅的氮含量，但同一地理种群中 E+植株的氮含量与 E−植株的氮含量差异不显著，这表明不同地理种群中内生真菌感染对羽茅叶片中氮含量的影响差异不显著。

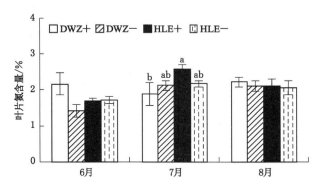

图 2-4　内生真菌感染对不同生长阶段羽茅叶片氮含量的影响

2.2.2.3　羽茅不同生长阶段的光合氮利用效率

如图 2-5 所示，两个地理种群的羽茅 PNUE 在 6 月都高于 7 月和 8 月羽茅的 PNUE，其中，海拉尔 E+植株与 E−植株的 PNUE 变化趋势相同，都是 6 月到 7 月 PNUE 急剧下降，8 月缓慢降低；但定位站 E+在 8 月略有增加,这与定位站 E一羽茅的 PNUE 变化趋势不同。6 月,定位站 E一羽茅的 PNUE 显著高于 E+羽茅,与此不同的是,海拉尔 E+羽茅的 PNUE 显著高于 E一羽茅的 PNUE。7 月,两个地理种群羽茅的 PNUE 的变化相同,均是 E一植株的 PNUE 显著高于 E+植株。8 月,定位站 E+羽茅的 PNUE 显著高于 E一羽茅,这与前两个月的结果相反,而海拉尔 E一的 PNUE 仍然显著高于 E+。整体来看,内生真菌感染对定位站羽茅 PNUE 的影响在 8 月表现出显著的促进作用,而内生真菌对海拉尔羽茅 PNUE 的正效应主要表现在羽茅生长发育阶段的初期,可见,内生真菌感染对羽茅 PNUE 的贡献在两个地理种群中具有显著差异,而且与羽茅所处的不同生长阶段密切相关。

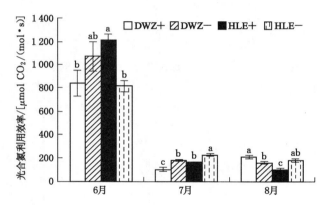

图 2-5　不同地理种群内生真菌感染对羽茅光合氮素利用效率的影响

2.2.2.4　羽茅各生长阶段的光响应曲线

图 2-6 是用直角双曲线拟合的不同地理种群中羽茅植株的 P_n-PAR 曲线示意图,从图中可以看出,6 月植株的净光合速率在 PAR 大于 800 $\mu mol/(m^2 \cdot s)$ 时表现出 HLE+>DWZ+>DWZ一>HLE一的趋势,海拉尔染菌羽茅在 6 月的净光合速率变化较大,随 PAR 的升高,P_n 升高的速度较快。但 6 月各地理种群中的染菌羽茅的净光合速率与未染菌羽茅之间差异不显著。

7 月两个地理种群中羽茅的光曲线拟合图变化趋势一致,净光合速率表现为:HLE一>HLE+>DWZ一>DWZ+,虽然各地理种群中未染菌的羽

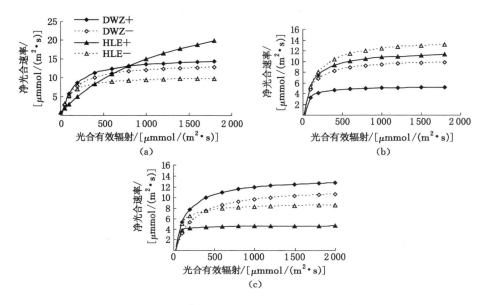

图 2-6 羽茅不同生长阶段的光合响应曲线

(a) 6 月；(b) 7 月；(c) 8 月

茅净光合速率均高于染菌羽茅的净光合速率，但差异不显著。海拉尔 E＋羽茅的净光合速率显著高于定位站的 E＋植株，这表明 7 月不同地理种群之间羽茅的净光合速率存在一定的差异，但内生真菌对羽茅净光合速率的影响表现得不明显。

8 月这两个地理种群中羽茅的光响应曲线变化趋势都比较平稳，具体的净光合速率表现为：DWZ＋＞DWZ－＞HLE－＞HLE＋，这一结果与 7 月不同，海拉尔的 E－羽茅的净光合速率显著高于 E＋，而定位站 E＋羽茅的净光合速率与 E－植株之间差异不显著，同时，定位站 E＋植株的净光合速率在 8 月也显著高于海拉尔的 E＋植株。由此可见，随着羽茅的不同生长阶段，内生真菌对羽茅光合作用的影响也随之发生改变，并且不同地理种群之间，这种改变也不尽相同。

2.2.2.5 羽茅各生长阶段的光合生理指标

从表 2-2 看出，6 月，两个实验种群内 E＋植株与 E－植株的 P_n、T_r、G_s、C_i 均无显著差异，具体表现为海拉尔 E＋羽茅的 WUE 比 E－植株高 40.6%，且 E＋植株的 WUE 显著高于 E－植株,但是定位站 E＋植株和 E－植株的 WUE 差异不显著,可见,6 月羽茅的水分利用效率与不同地理种群和内生真菌的感染与否有关。7 月,两个地理种群内 E＋植株和 E－植株的光合生理指标均没有显著差异,但各样地羽茅的水分利用效率均比 6 月高。8 月,海拉尔羽茅的 P_n、T_r、G_s 都是 E－羽茅显著高于 E＋羽茅,定位站的羽茅除了 G_s 是 E－显著高于 E＋,WUE 是 E＋显著高于 E－外,其余指标在 E＋和 E－植株之间仍无显著差异。以上结果表明,内生真菌感染对羽茅的光合生理指标的影响不仅与种群的原生生境密切相关,而且与羽茅的不同生长阶段有关。

表 2-2　　各月不同地理种群羽茅的光合指标(平均值±标准差)

		净光合速率 P_n /[μmol/(m²·s)]	蒸腾速率 T_r /[mmol/(m²·s)]	气孔导度 G_s /[mol/(m²·s)]	胞间 CO_2 浓度 C_i /(μmol/mol)	气孔限制值 L_s	水分利用效率 WUE /(mmol CO_2/mmol H_2O)
6 月							
DWZ	E＋	10.19±5.41	3.17±1.17	0.17±0.06	218.08±45.19	0.28±0.12	2.86±1.38ab
	E－	9.09±4.81	2.83±1.18	0.14±0.06	282.75±51.98	0.28±0.14	2.81±1.58ab
HLE	E＋	10.90±7.10	2.43±1.48	0.16±0.10	273.42±58.19	0.32±0.15	4.16±2.11a
	E－	7.38±4.48	2.76±1.13	0.16±0.07	306.17±39.64	0.23±0.10	2.47±1.29b
7 月							
DWZ	E＋	4.11±2.09b	1.32±0.25b	0.08±0.01c	284.30±44.11	0.25±0.12	2.99±1.62
	E－	7.55±3.78ab	1.63±0.45ab	0.10±0.03bc	255.30±56.06	0.33±0.15	4.30±2.06
HLE	E＋	8.59±4.09a	1.81±0.26a	0.14±0.02a	284.10±47.33	0.27±0.11	4.52±2.02
	E－	9.72±4.90a	2.00±1.69ab	0.13±0.05ab	266.80±52.73	0.31±0.14	4.33±2.17
8 月							
DWZ	E＋	9.74±4.33a	1.42±0.51ac	0.12±0.03b	249.55±63.53	0.37±0.16	6.82±3.31a
	E－	7.63±3.80a	1.92±0.45a	0.15±0.03a	290.55±41.47	0.25±0.11	3.79±1.75b
HLE	E＋	3.96±2.12b	0.64±0.15d	0.07±0.02c	293.36±45.58	0.26±0.11	5.84±2.99ab
	E－	7.00±3.22a	0.94±0.27bc	0.09±0.03b	269.64±65.65	0.32±0.16	7.13±3.99a

注:表中英文字母 a,b 的异同表示各月同列各值之间差异是否显著($P<0.05$)。

2.3 讨论与小结

2.3.1 讨论

天然禾草-内生真菌共生体的相互作用与所处的环境条件密切相关。Morse 等[81]研究表明,在较为干旱的条件下,感染 *Neotyphodium* 内生真菌的亚利桑那羊茅表现出更高的水分利用效率,而当水分条件较好的时候 E－植株的 WUE 反而高于 E＋植株。本书的研究结果表明,6 月海拉尔 E＋羽茅的水分利用效率显著高于 E－羽茅,但是定位站 E＋羽茅和 E－羽茅的水分利用效率差异不显著。这种结果的不同可能与研究宿主植物所处的不同生长阶段有关。

林枫等[72]对羽茅在不同地理种群的原位观察中也发现,在其中的羊草样地和西乌旗样地中 E＋羽茅植株的净光合速率显著高于 E－羽茅,而在霍林河样地中二者的差异则不显著,3 个样地中 *Neotyphodium* 内生真菌对宿主羽茅的蒸腾速率、气孔导度、光能利用效率、水分利用效率均无显著影响。本书的研究结果表明,两个地理种群内 E＋植株与 E－植株的 P_n、T_r、G_s、C_i 在 6 月和 7 月均无显著差异。8 月,海拉尔羽茅的 P_n、T_r、G_s 都是 E－羽茅显著高于 E＋,定位站的羽茅除了 G_s 是 E－显著高于 E＋,WUE 是 E＋显著高于 E－外,其余指标在 E＋和 E－植株之间仍无显著差异。这些结果的不同可能是因为选取的样地不同,以及本书实验在田间栽培条件下不同生长阶段羽茅染菌与未染菌植株间的光合特性差异,与原位观察有一定的差别。

PNUE 是一个与叶片生理、形态及适应环境机制有关的重要指标,植物PNUE 较高,表明其生长较快,生产力较高。本书的实验结果表明,6 月是羽茅生长速度相对最快的时期,此时植株的 PNUE 很高,7 月和 8 月生长速度逐渐变缓慢,内生真菌对海拉尔羽茅 PNUE 的正效应主要表现在 6 月,而在8 月,内生真菌对定位站羽茅的 PNUE 有显著的促进作用。这表明内生真菌对羽茅光合氮利用效率的影响与不同地理种群有关,而且这种影响与羽茅所处的生长阶段密切相关。

内生真菌会随着宿主植物的异性杂交和自然环境而改变,内生真菌也会出现相对较高的遗传多样性,因此,内生真菌与宿主植物之间的相互作用是有巨大变化的,不能简单地通过内生真菌感染与否来预测结果。综上所述,我们认为在不同地理种群的研究水平下,*Neotyphodium* 内生真菌感染对天然禾草羽茅生长和光合特性的影响,不仅与其是否染菌有关,而且与植物的原生生境有关,并且随着羽茅的不同生长阶段,这种影响也不一致。

2.3.2　小结

（1）内生真菌对羽茅形态变化以及比叶重的影响,不仅与不同地理种群有关,而且与羽茅不同生长阶段密切相关。内生真菌感染对海拉尔生长初期的羽茅株高的变化有显著的正效应,在 6 月和 8 月,内生真菌感染对海拉尔羽茅比叶重有显著的促进作用,但对定位站羽茅的株高,比叶重没有显著的影响。

（2）两个地理种群中,内生真菌感染对羽茅的生物量的分配、叶绿素含量、叶片氮含量都没有显著的影响。

（3）内生真菌感染对羽茅 PNUE 的影响与不同地理种群以及羽茅的不同生长阶段有密切关系。内生真菌对定位站羽茅 PNUE 的影响在 8 月表现出显著的促进作用,对海拉尔羽茅 PNUE 的正效应主要表现在 6 月。

（4）海拉尔 E＋羽茅的水分利用效率在 6 月显著高于 E－羽茅,但是定位站 E＋羽茅和 E－羽茅的水分利用效率差异不显著。

（5）随着羽茅生长季的变化,内生真菌对羽茅蒸腾作用和气孔导度的影响也随之发生改变,并且不同地理种群之间,这种改变也不尽相同。

3

不同种内生真菌对羽茅生长及
光合特性的影响

  天然禾草中内生真菌多样性比野生禾草更高,表现在人工禾草通常感染1 种内生真菌,而在天然禾草中,同一种禾草感染多种内生真菌的报道较多,例如张欣等从西乌旗样地中的羽茅中共分离得到 6 种形态型的内生真菌[67]。有学者推测内生真菌与天然禾草的关系可能与共生体双方的种类有关,例如宿主植物的基因型是内生真菌生物碱产量的决定因素,这说明尽管生物碱来源于真菌,但其产生水平却取决于植物的遗传背景。无性的 *Neotyphodium* 真菌与禾草共生体的生物碱含量更高[76],可以更有效地保护宿主免于取食。然而,关于内生真菌的种类对共生关系影响的研究,目前报道很少。如多年生黑麦草感染两种不同形态内生真菌,可能造成植物基因型与所感染内生真菌之间相互作用结果的差异性,Hesse 等的研究结果表明,干旱环境下的基因型,内生真菌感染使植物在水分充足条件下生长减慢,但干旱条件下快速生长;周期性地灌溉或者干旱下的基因型,内生真菌感染显著增加了植物的分蘖数和种子的产量[33]。不同形态群不一定属于不同物种,本书实验采用温室栽培的方式,将来自同一地理种群但分别感染两种不同种内生真菌的羽茅作为研究对象,测定感染两种不同内生真菌羽茅的生长指标以及光合生理特性,以期阐述不同种内生真菌对宿主植物的贡献是否存在差异,为深入研究内生真菌对羽茅的影响提供实验依据。

3.1 材料与方法

3.1.1 供试材料与培养

2008 年 2 月将采自定位站的羽茅饱满成熟的种子种于蛭石中,每盆 10 枚,置于温室中培养。待种子发芽后生长一星期后进行间苗,每盆留下 5 株。2009 年 5 月对羽茅叶鞘进行内生真菌分离,将叶鞘浸于 70% 乙醇溶液里连续搅拌 5 s,然后放入含 0.5% 有效 Cl 的 NaClO 溶液里连续搅拌 5 min 表面灭菌。在无菌的环境下将叶鞘剪成 0.5 cm 小块,接入锥形瓶内的固体 PDA 培养基中,接 6 块/瓶,25 ℃黑暗环境下培养,如图 3-1 所示,获得感染两个不同种内生真菌的羽茅。这两种真菌的生长特征如下:*Neotyphodium sibiricum* 菌株呈白色,菌丝致密,生长速度极为缓慢,标记为 M;*Neotyphodium gansuence* 菌株,白色,棉质至毡质,菌落周围偶有窄的白灰色区域,生长较快,标记为 K。叶鞘分离内生真菌后得到 K 和 M 各 5 个羽茅个体重复,其中每一个体又包含 5 个重复,这 5 个重复是来自同一株羽茅,E-为 5 个重复。

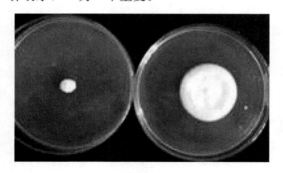

图 3-1　两种内生真菌的菌落形态

3.1.2 不同种内生真菌的羽茅光合生理指标的测定

光合光响应的测定方法见 2.1.5。选取天气晴朗的时候,从 2010 年 3 月开始,9:30～11:00,对感染不同种内生真菌的植株和未染菌植株进行 CO_2 曲线测定,设定 PAR 为 1 200 $\mu mol/(m^2 \cdot s)$ 作为测定光强,温度为 25 ℃,采用 Li-6400-01 液化 CO_2 钢瓶提供不同的 CO_2 体积分数,分别在 CO_2 浓度为 400 $\mu mol/mol$、200 $\mu mol/mol$、150 $\mu mol/mol$、120 $\mu mol/mol$、100 $\mu mol/mol$、80 $\mu mol/mol$、50 $\mu mol/mol$、400 $\mu mol/mol$、600 $\mu mol/mol$、800 $\mu mol/mol$、1 000 $\mu mol/mol$、1 200 $\mu mol/mol$ 的条件下测定叶片 P_n。

感染不同种内生真菌的羽茅随着 CO_2 浓度升高,在细胞间隙 CO_2 浓度 (C_i,$\mu mol/mol$) 为 0～200 $\mu mol/mol$ 内对叶片 P_n 和 C_i 进行直线回归,其斜率为 RuBP 羧化效率[CE,单位为 $\mu mol/(m^2 \cdot s)$],拟合方程为:

$$P_n = \frac{CE \times C_i + P_{max} - \sqrt{(CE \times C_i + P_{max})^2 - 4CE \times C_i \times P_{max} \times \theta}}{2\theta} - R_{esp}$$

式中　P_n——净光合速率;

　　　C_i——胞间 CO_2 浓度;

　　　P_{max}——最大净光合速率;

　　　θ——CO_2 响应曲线曲角。

当 $P_n = 0$ 时,C_i 即为光合作用的 CO_2 补偿点(CCP,单位为 $\mu mol/mol$)。将拟合方程作图,与 $Y = P_{max}$ 这条平行直线相交,得出交点,该交点在 X 轴上的数值即为 CO_2 饱和点(CSP,单位为 $\mu mol/mol$)。

3.2　结果与分析

3.2.1　羽茅生长指标

3.2.1.1　羽茅的生长状况

由图 3-2 得知,实验前期测得 E－植株的株高,分蘖数和叶片数均有高于 E－植株的趋势,后期 M 植株的分蘖数和叶片数都超过了 E－植株。经过方差分析得出:实验前期和后期得到相同的结果,E－植株的分蘖数和叶片数与 E＋植株之间差异不显著,但 E－的株高显著高于 E＋植株。对于感染不同种内生真菌而言,M 植株的株高、分蘖数、叶片数在后期都超过了 K 植株,但各生长指标均不存在显著差异。这说明两种内生真菌感染对羽茅的生长没有明显的差异。

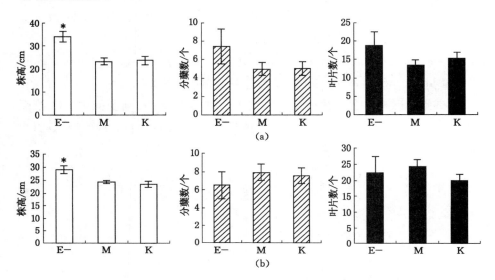

图 3-2 两种内生真菌感染对羽茅生长状况的影响

(a) 前期；(b) 后期

E——不染菌；M——*Neotyphodium sibiricum*；K——*Neotyphodium gansuence*

3.2.1.2 羽茅的比叶重

从图 3-3 中可以看出，E—羽茅的 LMA 前期平均值为 45.6 g/m², 后期 E—的 LMA 均值为 50.3 g/m², 变化不大，但 E+羽茅的 LMA 有明显的下

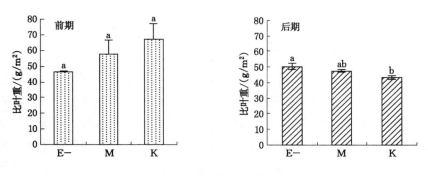

图 3-3 两种内生真菌感染对羽茅比叶重的影响

降的趋势,其中 M 植株的 LMA 在后期下降了 17.9%,羽茅 K 的 LMA 比前期降低了 35.4%。前期 E-与 E+羽茅的 LMA 差异不显著,但实验后期E-羽茅的 LMA 显著高于 K,但对于感染不同种内生真菌的羽茅而言,它们的 LMA 在前期和后期均没有显著的差异。

3.2.1.3　生物量

图 3-4 表明,E+植株的地上部生物量和根重都有高于 E-植株的趋势,但差异不显著。对于 K 和 M 植株,生物量的分配也没有显著差异。在本书实验中,这两种内生真菌感染对羽茅的生物量积累没有显著影响。

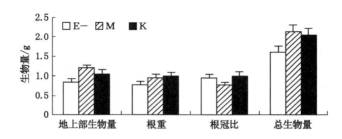

图 3-4　不同种内生真菌感染对羽茅生物量的影响

3.2.2　生理指标

3.2.2.1　叶绿素含量

由图 3-5 得知,前期 E+植株的叶绿素 a 显著高于 E-植株,后期 E-羽茅的叶绿素 a 含量增加了 89.5%,M 植株和 K 植株的叶绿素 a 含量在后期也分别提高了 45.3%和 49.8%,但后期 E+植株与 E-植株的叶绿素 a 含量差异不显著。叶绿素 b 含量以及总叶绿素含量这两项指标在 E+植株和 E-植株之间也都不具有显著的差异。对于 K 和 M 而言,M 的叶绿素 a/b 比前期增加了 27.8%,K 的叶绿素 a/b 却比前期降低了 6.4%,尽管 K 和 M 之间略有不同,但方差分析结果表明,它们的叶绿素各含量指标均无显著差异。

3.2.2.2　叶片氮含量

由图 3-6 得出,前期 E+植株和 E-植株的氮含量差异不显著,E-、K 和 M 的 LMA 有逐渐增加的趋势,但差异不显著。后期 E+植株的氮含量显著高于 E-,但氮含量在 K 和 M 植株之间仍然没有显著差异,可见,在羽茅某

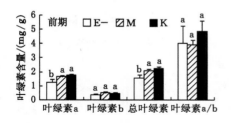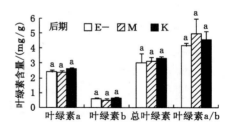

图 3-5　两种内生真菌感染对羽茅叶绿素含量的影响

（注：叶绿素 a/b 无单位）

个生长阶段，内生真菌感染对羽茅氮含量的影响会表现出显著的促进作用，但对于感染不同种内生真菌对羽茅氮含量的影响并没有显著的差异。

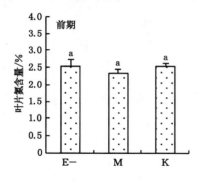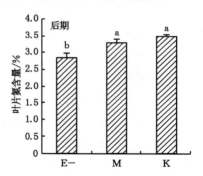

图 3-6　两种内生真菌感染对羽茅叶片氮含量的影响

3.2.2.3　光合氮利用效率

E—植株的 PNUE 的平均值为 159.8 μmol CO_2/(mol·s)，M 植株和 K 植株的 PNUE 平均值分别为 153.1 μmol CO_2/(mol·s)和 125.3 μmol CO_2/(mol·s)，从图 3-7 中可以看出，E—和 E＋植株的光合氮利用效率没有显著差异，羽茅 K 和 M 的 PNUE 也差异不显著。这表明这两种内生真菌感染对羽茅的光合氮利用效率无显著的影响。

3.2.3　羽茅对光照和 CO_2 的响应

图 3-8 是用直角双曲线拟合的 K、M 和 E—羽茅植株的 P_n-PAR 和

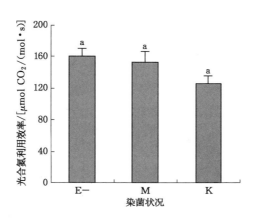

图 3-7　两种内生真菌感染对羽茅光合氮利用效率的影响

A-C_i 曲线示意图。从图中可以看出,光曲线中,植株的净光合速率表现出 E—>M>K 的趋势,但差异不显著。由表 3-1 得知,M 和 K 的蒸腾速率 (T_r) 都显著高于 E— 的 T_r,M 的 T_r 最大,其平均值为 2.28 mmol/(m^2·s)。M 的气孔导度 (G_s) 显著高于 E— 的 G_s。对于 K 和 M 之间,光合生理值之间均无显著差异。

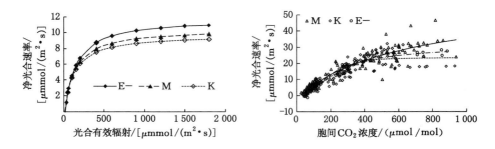

图 3-8　羽茅的 P_n-PAR 和 A-C_i 拟合曲线

A-C_i 曲线中,随着 CO_2 浓度升高,感染不同种内生真菌的羽茅光合速率的变化也呈现一定趋势。从图 3-8 看出,CO_2 浓度在 $0\sim400$ μmol/mol 时,E+ 和 E— 的 P_n 值变化趋势相同,当 CO_2 浓度超过 400 μmol/mol 时,M 的 P_n 高于 E— 和 K,但差异不显著。

表 3-1 　　　　　　　　　　羽茅的光合生理指标的比较

	净光合速率 P_n /[$\mu mol/(m^2 \cdot s)$]	蒸腾速率 T_r /[$mmol/(m^2 \cdot s)$]	气孔导度 G_s /[$mol/(m^2 \cdot s)$]	胞间 CO_2 浓度 C_i /($\mu mol/mol$)	气孔限制值 L_s
E−	6.49±0.82	1.81±0.14b	0.07±0.006b	261.98±18.13	0.36±0.04
M	6.40±0.29	2.28±0.07a	0.08±0.002a	272.07±4.82	0.34±0.01
K	6.06±0.30	2.19±0.07a	0.08±0.002ab	271.99±5.06	0.34±0.01

注:表中英文字母 a,b 的异同表示同列各值之间差异是否显著($P<0.05$)。

从表 3-2 可以得出,羽茅的 CO_2 响应模拟曲线的 R^2 值都大于 0.96。E＋和 E−的 CO_2 补偿点相比,E−的 CCP 比 M 高 53%,比 K 的 CCP 高 29%。可见,CO_2 补偿点较低、CO_2 饱和点较高的 E＋植株对 CO_2 环境的适应性较强,E＋比 E−植株具有更高的 CO_2 利用效率,但 K 和 M 之间的差异不显著。

表 3-2 　　　　　非直角双曲线拟合的 E＋与 E−羽茅叶片的
CO_2 曲线参数值及 CO_2 补偿点和 CO_2 饱和点

	羧化效率 CE	CO_2 饱和最大净光合速率 P_{max} /[$\mu mol/(m^2 \cdot s)$]	相关系数 R^2	CO_2 补偿点 CCP /($\mu mol/mol$)	CO_2 饱和点 CSP /($\mu mol/mol$)
E−	0.29	44.02	0.99	48.74a	717.33
M	0.11	52.59	0.97	22.98b	1 672.6
K	0.10	41.02	0.97	34.59b	1 242.48

注:表中英文字母 a,b 的异同表示同列各值之间差异是否显著($P<0.05$)。

3.3　讨论与小结

3.3.1　讨论

研究表明,感染内生真菌的高羊茅植株蒸腾速率和气孔导度都高于非感染高羊茅植株,本书实验也得到相同的结果。蒸腾速率指植物在一定时间内单位面积蒸腾的水量。高蒸腾速率能有效缓解高温胁迫,使叶片局部温度不至于太高,光合作用得以进行。本书实验中,染菌羽茅的 T_r 显著高于未染菌羽茅,当夏季中午高温高光强时,染菌羽茅较高的蒸腾可以减缓宿主植物的叶温急剧上升,使叶片保持较适宜的温度,以利于光合作用的顺利进行。

关于 Neotyphodium 内生真菌对宿主植物气孔导度影响的研究结果差别很大,如果宿主植物不同,G_s 变化也可能不同。研究表明高羊茅染菌与非染菌植株 G_s 在 12:00～13:00 降到谷值,出现"休眠"。G_s 的下降增加了 CO_2 的传导阻力,减少了光合作用原料的供给,从而降低了 CO_2 同化率,导致叶片吸收的光能过剩;同时,在炎热夏季,植株这种 G_s "休眠"可以使叶片 G_s 减至最小,以防止或减少水分的散失,这是一种积极的生态适应以及对高温进行负反馈调节机制的体现。Clay 等[28]对 E+ 和 E- 高羊茅进行对比研究后认为,造成 G_s 差异的原因可能是染菌导致了宿主植物解剖学或形态学上的变化,包括气孔密度和叶卷曲的变化。有研究表明,在干旱条件下 N. lolii 可以显著提高黑麦草的气孔导度。本书实验中,染菌羽茅的 G_s 显著高于未染菌羽茅,可能当温度适宜且水分充足时,染菌羽茅较高的气孔导度可以促进植物光合作用中 CO_2 的传导,从而增强植物的光合作用,促进光合产物的增加。

CO_2 补偿点低的作物品种常常具有净光合速率高、产量高的特点,因此低 CO_2 补偿点也常常被用作选育高产品种的指标。本书实验结果表明,E+ 植株的 CO_2 补偿点显著低于 E-,表明 E+ 更能利用低浓度的 CO_2,当面临干旱时,植物的气孔接近关闭,染菌羽茅低的 CO_2 补偿点对宿主植物有利。

Sullivan 和 Faeth[84]认为在内生真菌基因型的改变上,亚利桑那羽茅种群至少有 3 种不同的内生真菌基因型,其中一些出现在同一地理种群中。这些内生真菌尽管是无性传播的,但随着宿主植物的异性杂交和自然环境的改变,内生真菌也会出现相对较高的遗传多样性,因此,内生真菌与宿主植物之间的相互作用是有巨大变化的。魏宇昆等研究表明 Epichloë 及其无性型 Neotyphodium 与禾本科植物是系统发生的互利共生关系,尤其是 Neotyphodium 可提高宿主抵抗环境胁迫的能力和抵御动物的取食,增强植物的竞争力[12]。Morse 等[81]在亚利桑那羊茅中的研究发现,内生真菌的基因型是影响植物生长、生物量以及生理指标(例如叶片水势、叶卷曲和气孔密度)的重要因素。本书实验结果表明,感染不同种内生真菌对正常生长条件下羽茅的生物量的积累、根冠比以及光合作用都没有显著差异。这表明内生真菌的不同种类对羽茅生长没有造成影响。

上述结果表明,不同种 *Neotyphodium* 内生真菌感染对天然禾草羽茅的生长及光合特性没有显著的影响,但我们推测,随着宿主植物的基因型以及共生体生长环境的改变,不同种内生真菌对羽茅的影响可能也会出现差异,这些影响还有待进一步研究。

3.3.2　小结

(1) 内生真菌感染对植株的分蘖数、叶片数均没有显著影响。对于感染不同种内生真菌而言,这两种内生真菌对羽茅的形态变化、比叶重、生物量的分配也没有显著差异。

(2) 两种内生真菌感染对羽茅的各叶绿素指标、叶片氮含量以及植株的光合氮利用效率均无显著差异。

(3) 染菌羽茅的蒸腾速率显著高于未染菌羽茅,不同种内生真菌感染对羽茅的光合生理值、CO_2 补偿点以及 CO_2 饱和点均差异不显著。

内生真菌感染对不同羽茅个体的影响

　　从已有的研究来看,宿主-内生真菌关系的研究大多都集中在种群水平,这种关系不仅与宿主植物原来所处的不同种群有关,而且与其生长环境有关。那么,如果在原生生境和后期生长环境条件相同的情况下,内生真菌对不同的羽茅个体的影响是否存在差异呢? 对于感染同种内生真菌的羽茅个体之间是否也存在差异呢? 本书把内生真菌与羽茅关系的研究扩展到个体水平,实验采用田间栽培方式,先从同一地理种群的不同羽茅个体入手,探讨在生长环境相同的情况下,内生真菌感染对不同生长阶段的羽茅个体生长及光合特性的影响;然后从感染同一种内生真菌的不同羽茅个体入手,探讨这种内生真菌究竟对羽茅个体的哪些生长或者生理指标会有明显的影响。

4.1　材料与方法

4.1.1　供试材料与培养

本实验羽茅种子于 2005 年 7 月采自内蒙古锡林浩特定位站（DWZ）。

2009 年 5 月选取定位站 3 个不同羽茅个体,将羽茅个体每一个穗上的全部饱满成熟的种子(D2,D3,D5)播种于装满蛭石的花盆中,置于温室中培养。羽茅长到足够多可检测分蘖后,进行内生真菌的检测,确定染菌(E＋)和不染菌(E－)的植株,于 2009 年 6 月到 2009 年 8 月末置于田间培养,并对羽茅 E＋和 E－植株不同生长时期形态变化以及不同季节光合特性进行比较研究。每个羽茅个体种 5 盆。通过对羽茅叶鞘进行内生真菌分离,确定感染两个不同种内生真菌的羽茅个体(M：*Neotyphodium sibiricum*；K：*Neotyphodium gansuence*),2010 年 3 月到 5 月于温室内进行形态指标和光合生理值的测定,叶鞘分离内生真菌后得到感染 K 和 M 的各 5 个重复羽茅个体。

4.1.2　羽茅生长状况测定

2009 年在羽茅生长的 6 月到 8 月,每月测定一次定位站 3 个不同羽茅个体的株高、叶片数、分蘖数、叶面积,然后在 80 ℃条件下烘干至恒重,用电子天平(精度为 0.000 1 g)称重,然后计算比叶重(LMA),每个羽茅个体 E＋和 E－羽茅各测 10 个重复。2010 年 3 月 15 日到 2010 年 5 月,在实验开始时和实验结束时分别对感染同一种内生真菌的不同羽茅个体进行两次生长指标的测定。

4.2　结果与分析

4.2.1　同一地理种群中不同羽茅个体的比较

4.2.1.1　个体生长

锡林浩特定位站三个不同羽茅个体(D2,D3 和 D5)各生长季的生长状况见表 4-1。从 E＋和 E－植株的比较来看,株高、叶片数和分蘖数整体为逐月上升趋势,对于株高,6 月 D3 和 D5 各自的株高是 E－显著高于 E＋;7 月,3个个体的株高均表现为 E－显著高于 E＋;8 月株高的差异是 D3 的 E＋显著高于 E－。

对于叶片数,6 月和 7 月,3 个个体 E＋与 E－之间无显著差异,8 月 D2

表 4-1 锡林浩特定位站 3 个不同羽茅个体
(D2,D3 和 D5)的生长状况(平均值±标准差)

月份	羽茅个体	染菌状况	株高/cm	叶片数/个	分蘖数/个
6月	D2	E+	18.28±2.01a	3.10±0.57b	1
		E−	18.81±4.96ab	3.50±0.71ab	1
	D3	E+	14.95±2.17b	3.40±0.52ab	1
		E−	19.61±3.39a	3.30±0.48ab	1
	D5	E+	13.76±1.73b	3.40±0.52ab	1
		E−	18.44±2.83a	3.70±0.48a	1
7月	D2	E+	22.13±2.12bc	6.20±2.53ab	1.80±1.87ab
		E−	27.54±3.92a	8.10±3.14a	3.20±1.81ab
	D3	E+	20.61±1.47c	8.30±4.27a	3.50±1.72a
		E−	24.73±2.43ab	5.90±3.00ab	2.20±2.26ab
	D5	E+	16.66±1.84d	5.10±1.45b	1.70±1.34b
		E−	22.95±3.01abc	6.60±2.46ab	2.2±0.92ab
8月	D2	E+	33.54±2.35abd	25.70±8.64a	6.50±1.78a
		E−	34.21±3.96ab	18.10±7.99bc	5.80±2.53abc
	D3	E+	36.70±4.56a	21.10±9.41ab	6.10±2.51ab
		E−	28.87±4.39cd	12.80±2.82c	4.30±0.67bc
	D5	E+	27.21±5.68d	17.90±4.68bc	4.20±1.48c
		E−	32.10±4.01abcd	16.20±4.78bc	4.8±1.62abc

注:表中英文字母 a,b,c,d 的异同表示各月同列各值之间差异是否显著($P<0.05$)。

和 D3 叶片数是 E+显著高于 E−。对于分蘖数而言,3 个羽茅个体的分蘖数在各月都差异不显著。随生长季的变化,E+与 E−的羽茅的各项生长指标均呈上升趋势。这表明不同羽茅个体的 E+与 E−之间生长指标的差异与宿主植物所处的生长季密切相关。

4.2.1.2 叶绿素含量

从表 4-2 得出,6 月 D3 和 D5 的叶绿素 a/b 是 E+显著高于 E−,D2 叶绿素 a/b 是 E−显著高于 E+,D5 的叶绿素 a 含量、叶绿素 b 含量,以及总叶绿素含量都是 E−显著高于 E+;7 月和 8 月定位站不同羽茅个体叶绿素各含量指标均无显著差异。这表明随着羽茅的生长,叶绿素含量在不同个体之间以及同一个体的染菌和非染菌植株之间趋于接近。

表 4-2　各月份定位站不同羽茅个体叶绿素各含量指标(平均值±标准差)

月份	羽茅个体	染菌状况	叶绿素 a 含量 /(mg/g)	叶绿素 b 含量 /(mg/g)	叶绿素 a/b	总叶绿素含量 /(mg/g)
6 月	D2	E+	1.40±0.16ab	0.39±0.04ab	3.60±0.04c	1.81±0.21ab
		E−	1.70±0.27ab	0.45±0.07ab	3.76±0.14b	2.18±0.34ab
	D3	E+	1.34±0.13ab	0.33±0.03ab	4.04±0.03a	1.69±0.17ab
		E−	1.47±0.12ab	0.42±0.04ab	3.51±0.03cd	1.90±0.16ab
	D5	E+	1.33±0.02b	0.39±0.01b	3.45±0.09d	1.73±0.02b
		E−	1.57±0.04a	0.48±0.01a	3.26±0.06e	2.07±0.04a
7 月	D2	E+	1.96±0.47	0.53±0.14	3.74±0.10	2.51±0.61
		E−	2.07±0.17	0.58±0.04	3.59±0.09	2.67±0.22
	D3	E+	2.15±0.30	0.60±0.09	3.58±0.08	2.77±0.39
		E−	1.88±0.10	0.52±0.02	3.63±0.03	2.43±0.12
	D5	E+	1.85±0.57	0.51±0.16	3.61±0.09	2.38±0.74
		E−	1.79±0.40	0.50±0.13	3.57±0.18	2.31±0.54
8 月	D2	E+	2.09±0.15	0.59±0.07	3.53±0.14	2.71±0.22
		E−	1.97±0.33	0.60±0.11	3.29±0.08	2.59±0.44
	D3	E+	2.02±0.29	0.61±0.08	3.31±0.15	2.66±0.37
		E−	1.97±0.32	0.56±0.10	3.51±0.06	2.56±0.42
	D5	E+	2.26±0.22	0.66±0.09	3.44±0.16	2.95±0.31
		E−	2.51±0.06	0.73±0.07	3.43±0.29	3.27±0.06

注:表中英文字母 a,b,c,d 的异同表示各月列各值之间差异是否显著($P<0.05$)。

4.2.1.3　光曲线

图 4-1 表明,6 月定位站 3 个羽茅个体的光曲线变化趋势一致,没有显著差异。7 月定位站不同羽茅个体的净光合速率出现了差异,其中,D2 个体的净光合速率值为 E+显著高于 E−,而 D3 和 D5 羽茅个体的净光合速率值都表现为 E−高于 E+,但差异不显著,这表明内生真菌感染对部分羽茅植株的光合作用有一定促进作用,但这与不同的羽茅个体有关。

8 月这三个羽茅个体的净光合速率表现为:D3 植株的净光合速率值是

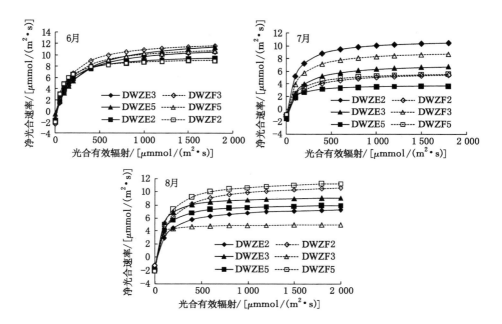

图 4-1　不同羽茅个体的光响应曲线

DWZE2——D2(E+);DWZF2——D2(E-);DWZE3——D3(E+);

DWZF3——D3(E-);DWZE5——D5(E+);DWZF5——D5(E-)

E+显著高于 E-,D2 植株和 D5 植株的净光合速率值虽然都表现为 E-高于 E+,但差异不显著。在 8 月,内生真菌感染对 D2 植株的净光合速率的影响结果与 7 月不同,这说明了内生真菌感染对羽茅的光合能力的促进作用,不仅与羽茅个体之间的差异有关,而且与羽茅的不同生长阶段有关。

4.2.1.4　光合生理指标

从表 4-3 看出,6 月定位站 3 个不同羽茅个体 E+与 E-的光合生理值之间差异均不显著;7 月,D2 的 P_n、T_r 以及 G_s 都是 E+显著大于 E-,D3 的 T_r 是 E-显著大于 E+,其他各指标差异不显著;8 月,D3 的 P_n、T_r 以及 G_s 都是 E+显著大于 E-,这与 D2 在 7 月的变化相同,D5 的 T_r、G_s 都是 E-显著大于 E+。3 个不同羽茅个体 E+和 E-植株的 C_i、L_s 和 WUE 均无显著差异。这表明内生真菌感染对羽茅光合生理的影响不仅与不同羽茅个体的不同生长阶段有关,而且与宿主植物的基因型密切相关。

表 4-3　DWZ 的 3 个不同羽茅个体 E十和 E一植株光合生理指标(平均值士标准差)

		净光合速率 P_n /[μmol/(m²·s)]	蒸腾速率 T_r /[mmol/(m²·s)]	气孔导度 G_s /[mol/(m²·s)]	胞间 CO_2 浓度 C_i /(μmol/mol)	气孔限制值 L_s	水分利用效率 WUE /(mmol CO_2/mmol H_2O)
				6月			
D2	E+	6.63±3.65	3.93±1.00b	0.16±0.05	298.17±33.83	0.21±0.09	1.54±0.85
	E-	6.41±3.77	3.69±1.51b	0.13±0.06	287.50±44.78	0.24±0.12	1.51±0.93
D3	E+	6.53±3.92	4.44±1.78ab	0.14±0.06	305.50±44.04	0.22±0.11	1.22±0.84
	E-	7.59±4.57	5.46±1.62a	0.18±0.05	306.83±38.04	0.21±0.10	1.22±0.73
D5	E+	7.05±4.15	4.84±2.18ab	0.14±0.06	297.58±31.88	0.25±0.08	1.29±0.54
	E-	7.07±4.13	4.28±1.43ab	0.13±0.05	292.92±43.44	0.25±0.11	1.45±0.80
				7月			
D2	E+	8.08±3.96a	2.75±0.60a	0.15±0.03a	274.10±43.80	0.27±0.11	2.81±1.38a
	E-	3.90±2.08bc	1.42±0.42c	0.05±0.02d	259.60±59.49	0.32±0.16	2.47±1.41a
D3	E+	4.88±2.63bc	2.17±0.59b	0.08±0.02ac	269.80±52.97	0.28±0.15	1.98±1.21ab
	E-	6.58±3.44ab	2.92±0.96a	0.11±0.04ab	268.20±51.85	0.28±0.14	1.99±1.18ab
D5	E+	2.77±1.68c	2.13±0.43b	0.07±0.01bcd	302.20±43.22	0.20±0.11	1.15±0.88b
	E-	4.14±2.26bc	2.12±0.56b	0.09±0.04bcd	253.00±52.47	0.32±0.14	1.80±0.97ab
				8月			
D2	E+	5.50±2.65ab	2.37±0.58a	0.11±0.03bc	290.73±38.53	0.23±0.10	2.11±1.11
	E-	7.92±3.95a	2.37±0.90a	0.13±0.05bc	272.55±53.43	0.28±0.14	2.97±1.72
D3	E+	7.73±4.11a	2.26±0.61a	0.13±0.04b	279.00±52.36	0.27±0.13	3.09±1.60
	E-	4.16±2.05b	1.23±0.38b	0.06±0.01d	268.91±63.47	0.32±0.16	3.21±2.04
D5	E+	6.63±3.66ab	1.61±0.61b	0.09±0.03bc	277.91±64.12	0.29±0.17	3.43±2.42
	E-	8.61±4.69a	2.44±0.70a	0.19±0.05a	299.64±37.76	0.22±0.10	3.21±1.62

4.2.2　感染同种内生真菌对羽茅不同个体的影响

4.2.2.1　生长指标

从图 4-2 中可以看出来,感染内生真菌 M 的 M2 和 M5 羽茅个体的叶片数在前期有显著的差异,M2 的叶片数显著高于 M5 的叶片数,后期测得 M1 的分蘖数显著高于 M3 和 M5 的分蘖数,5 个感染 M 的羽茅个体的株高没有显著差异。这表明虽然感染同一种内生真菌 M,但是在羽茅个体中仍然会表现出一定的差异,内生真菌 M 对宿主的影响可能与植物个体的基因型有一定关系。

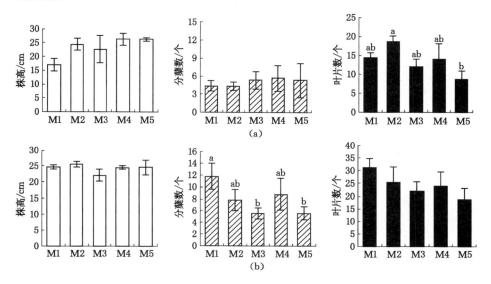

图 4-2　内生真菌 M 对不同羽茅个体生长状况的影响

(a) 前期;(b) 后期

从图 4-3 得知,感染内生真菌 K 的 5 个不同羽茅个体中,在前期 K4 的株高显著大于 K1、K2 和 K5 的株高。后期羽茅个体的分蘖数大部分都有所增加,K5 的分蘖数在后期显著高于 K1,叶片数在不同羽茅个体中均无显著的差异。这表明内生真菌 K 对羽茅个体的叶片数和分蘖数的增加有一定促进作用,而不同个体表现出来的这种正效应也有差异。

4.2.2.2　叶绿素含量

从图 4-4 得知,对于感染内生真菌 M 的 5 个羽茅个体而言,M3 总叶绿素含量是 2.28 mg/g,M4 的总叶绿素含量为 2.34 mg/g,而 M2 的总叶绿素含量只有 1.48 mg/g,M3 和 M4 的总叶绿素含量均显著高于 M2,但感染 M 的羽茅个体其余叶绿素指标均无显著差异;对于感染 K 的 5 个羽茅个体而言,叶绿素含量的各项指标之间均没有显著的差异。

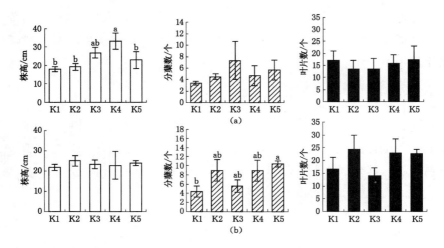

图 4-3　内生真菌 K 对不同羽茅个体生长状况的影响

(a) 前期；(b) 后期

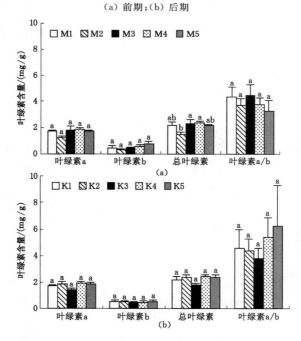

图 4-4　感染同种内生真菌对羽茅个体叶绿素含量的影响

(注：叶绿素 a/b 无单位)

(a) 感染内生真菌 M 的个体；(b) 感染内生真菌 K 的个体

4.2.2.3 羽茅比叶重、叶片氮含量和光合氮利用效率的比较

从图 4-5 中可以看出,对于内生真菌 K 和 M 来说,感染同一种内生真菌的不同羽茅个体的叶片氮含量的百分比之间均无显著差异,并且 LMA 在每种染菌羽茅个体之间也没有显著的差异。关于光合氮利用效率,在感染 M 的羽茅个体中表现为:M3＞M1＞M2＞M4＞M5,M3 的 PNUE 为 231.7 μmol CO_2/(mol・s),M1 的 PNUE 值为 194.85 μmol CO_2/(mol・s),M1 和 M3 的 PNUE 都显著高于 M5。对于感染 K 的羽茅个体中,K5 的 PNUE 显著高于 K4,其余感染 K 的羽茅个体的光合氮利用效率之间没有显著差异。

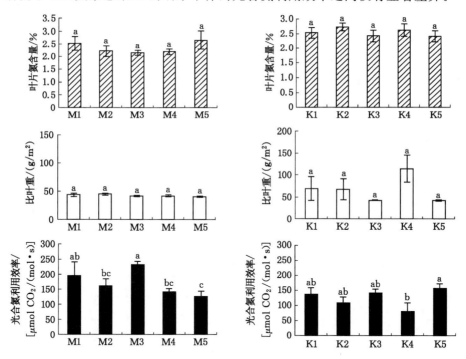

图 4-5 同种内生真菌感染对羽茅个体氮含量、比叶重以及光合氮利用效率的影响

4.2.2.4 光合生理指标

从表 4-4 中看出,感染 M 的不同羽茅个体除了气孔导度有显著差异外,其他光合生理指标 P_n、T_r、C_i、L_s、WUE 均无显著差异,其中,M1 和 M3 的 G_s 显著高于 M4 和 M5。这表明内生真菌 M 对羽茅气孔导度的显著影响与宿主植物的基因型有关。

表 4-4 　　　　　　内生真菌 M 对羽茅的光合生理指标的影响

	净光合速率 P_n /[μmol/(m^2·s)]	蒸腾速率 T_r /[mmol/(m^2·s)]	气孔导度 G_s /[mol/(m^2·s)]	胞间 CO_2 浓度 C_i /(μmol/mol)	气孔限制值 L_s	水分利用效率 WUE /(mmol CO_2/mmol H_2O)
M1	7.39±1.25	2.80±0.30	0.103±0.009a	282.29±20.30	0.32±0.05	2.46±0.42
M2	5.99±0.96	2.21±0.17	0.078±0.004abc	286.47±18.73	0.31±0.04	2.29±0.37
M3	7.88±1.34	2.58±0.23	0.097±0.006a	267.88±19.09	0.35±0.05	2.79±0.41
M4	6.42±0.85	2.03±0.18	0.073±0.003bc	250.06±16.53	0.39±0.04	3.10±0.36
M5	5.42±0.82	1.88±0.12	0.070±0.004c	266.70±17.21	0.34±0.04	2.83±0.39

从表 4-5 中看出,感染 K 的不同羽茅个体光合生理指标 P_n、G_s、C_i、L_s、WUE 均无显著差异,只有蒸腾速率有显著差异,其中,K1 的 T_r 为 2.68 mmol/(m^2·s),显著高于 K5。这表明内生真菌 K 对羽茅个体蒸腾速率的影响与宿主植物的基因型有关。

表 4-5 　　　　　　内生真菌 K 对羽茅的光合生理指标的影响

	净光合速率 P_n /[μmol/(m^2·s)]	蒸腾速率 T_r /[mmol/(m^2·s)]	气孔导度 G_s /[mol/(m^2·s)]	胞间 CO_2 浓度 C_i /(μmol/mol)	气孔限制值 L_s	水分利用效率 WUE /(mmol CO_2/mmol H_2O)
K1	6.99±1.23	2.68±0.27a	0.081±0.007	254.42±19.20	0.37±0.05	2.50±0.37
K2	6.54±1.01	2.24±0.21ab	0.072±0.006	248.55±20.02	0.38±0.05	2.64±0.39
K3	5.55±0.91	2.27±0.21ab	0.084±0.006	289.55±15.70	0.29±0.04	2.25±0.34
K4	5.71±0.96	2.08±0.15ab	0.080±0.003	298.50±19.18	0.31±0.04	2.60±0.43
K5	6.36±1.00	1.78±0.18b	0.070±0.005	263.42±20.83	0.37±0.05	3.50±0.53

4.3 讨论与小结

4.3.1 讨论

天然禾草-内生真菌共生体的相互作用也与共生体双方的遗传背景密切相关。Morse 等在亚利桑那羊茅中的研究发现,内生真菌的基因型是影响植物生长、生物量以及生理指标(例如叶片水势,叶卷曲和气孔密度)的重要因素[81]。宿主植物的基因型可以影响植物地下生物量的积累,根冠比以及光合作用。而且,在宿主植物的基因型与内生真菌、水分可利用性,以及感染内生真菌之间的复杂相互作用表明内生真菌与天然禾草的相互作用具有不确定性和复杂性。关于内生真菌对不同基因型宿主植物的光合特性研究较少,前人的一些研究结果也表明内生真菌感染对不同基因型的宿主表现出的影响也不尽相同,例如 Malinowski 等研究 *Neotyphodium* 感染对两种基因型高羊茅(DN2 和 DN11)竞争能力的影响,发现内生真菌的感染显著提高了DN2 高羊茅的竞争能力,但降低了 DN11 的竞争能力[85]。Clay 和 Schardl 的研究则发现 *Neotyphodium* 内生真菌提高了宿主高羊茅的竞争能力,却降低了另一宿主黑麦草的竞争能力[77]。本书实验得出,对于不同羽茅个体的叶绿素含量,6 月内生真菌显著提高了 D3 和 D5 的叶绿素 a/b,但降低了 D2 的叶绿素 a/b 以及 D5 的叶绿素 a、叶绿素 b 和总叶绿素的含量,这表明内生真菌感染对不同羽茅个体的叶绿素指标的影响存在一定差异。本书实验还得出,随着生长季的变化,7 月,D3 的 T_r 是 E－显著大于 E＋,其他各指标差异不显著;8 月,D3 的 P_n、T_r 以及 G_s 都是 E＋显著大于 E－。对于感染不同种内生真菌的羽茅而言,M1 和 M3 的 G_s 显著高于 M4 和 M5,K1 的 T_r 显著高于 K5,这表明内生真菌 M 和 K 对羽茅气孔导度以及蒸腾速率的显著影响与宿主植物的基因型有关。可见,同一生长指标和光合生理指标在不同生长阶段表现出的差异性不同。因此,内生真菌感染对羽茅的生长及光合生理指标的影响不仅与宿主植物的基因型有关,而且与羽茅的不同生长阶段密切有关。

内生真菌的多样性受宿主植物基因型及所处环境的影响,有学者研究表明,不同地理种群羽茅内生真菌的菌落颜色、质地、生长速率、分生孢子大小、形状等形态特征间存在较大的差异,亦表现出较高的形态多样性,他们对羽茅内生真菌的形态多样性与环境因子间的关系进行了分析,结果表明羽茅内生真菌的形态多样性与各羽茅地理种群所处地点的海拔高度呈显著负相关,而与年平均气温、年降雨量、日照时间及干燥度均无显著相关。本书实验研究表明,在环境条件相同的情况下,感染同一种内生真菌的不同羽茅个体之间的叶片氮含量以及 LMA 没有显著差异,感染内生真菌 M 和 K 的不同羽茅个体之间的 P_n、C_i、L_s、WUE 均无显著差异。

内生真菌随着不同的宿主植物和自然环境而改变,内生真菌具有相对较高的遗传多样性,内生真菌与宿主植物之间的相互作用是有巨大变化的,宿主植物在不同生长发育阶段对内生真菌的反应不尽相同。本书实验排除了外部环境因素的差异,比如植物营养供应、温度、土壤湿度和水分条件等影响内生真菌和植物相互作用的因素,从两个重要的内在因素植物基因型和内生真菌类型入手,结果表明,*Neotyphodium* 内生真菌感染对天然禾草羽茅生长和光合特性的影响,与宿主植物的基因型以及羽茅的不同生长阶段密切相关。

4.3.2　小结

(1)内生真菌感染对定位站 3 个羽茅个体的株高、叶片数、分蘖数以及各叶绿素指标的影响与不同羽茅个体以及不同生长季密切相关。感染同一种内生真菌的不同羽茅个体的叶片氮含量以及 LMA 之间没有显著差异。

(2)从净光合速率来看,内生真菌感染对 7 月的 D2 植株和 8 月的 D3 植株表现为显著的促进作用。感染内生真菌 M 和 K 的不同羽茅个体之间的 P_n、C_i、L_s、WUE 均无显著差异。

(3)内生真菌感染对羽茅光合生理的影响不仅与不同羽茅个体的不同生长阶段有关,而且与宿主植物的基因型密切相关。内生真菌 M 对羽茅气孔导度的影响以及内生真菌 K 对羽茅蒸腾速率的影响与宿主植物的基因型有关。

5

内生真菌种类与宿主植物基因型对羽茅的
生长和再生长能力的影响

　　自然界内生真菌与禾草的共生现象普遍存在,但天然禾草与内生真菌的共生关系具有不稳定性,从有利到中性到不利均有报道。内生真菌随着宿主植物和生境而改变,具有相对较高的遗传多样性,使得内生真菌与宿主植物之间的相互作用结果更为复杂。例如,张欣等从西乌旗样地中的羽茅中共分离得到 6 种形态型的内生真菌[67]。Sullivan 和 Faeth 研究发现在亚利桑那羊茅种群中,最少有 3 种不同的内生真菌基因型,有些出现在同一地理种群[84]。这些内生真菌虽然是进行无性传播,但随着宿主植物不同基因型个体的杂交和自然环境的改变,内生真菌也会表现出相对较高的遗传多样性。Assuero 等分别接种两种不同的内生真菌分离株(AR501,KY31)到两个高羊茅栽培种(MK,FP)中,然后比较染菌植株与不染菌植株在形态和生理上表现的差异,结果发现不同菌株与植物的组合表现出的差异有所不同[41]。那么,羽茅-内生真菌共生体中,不同的内生真菌种类是否也会表现出不同呢?

　　关于宿主基因型对共生关系影响的研究,目前报道很少。Malinowski 等研究 Neotyphdium 感染对两种不同基因型的高羊茅竞争能力的影响,发现内生真菌的感染对不同基因型宿主植物的作用结果不同[85]。Faeth 等在严格控制植物基因型的温室中,研究 *Neotyphodium* 内生真菌是否提高亚利桑那羊茅的竞争能力,结果表明,在不同的水分和营养条件下,非染菌植株的地下和地上生物量始终高于染菌植株[86]。Marks 和 Clay 发现,在 13 个不同基因型的高羊茅中,内生真菌感染和宿主基因型的相互作用显著影响碳交换速率和叶片气孔导度[37]。Cheplick 在刈割实验中,发现内生真菌感染对黑麦草的分蘖数、叶面积和非结构性碳水化合物的影响主要取决于宿主的基因型[87]。那么,宿主基因型对羽茅-内生真菌共生体的生理生态特性会产生怎样的影响呢? 对羽茅进行刈割处理后,内生真菌种类和宿主基因型对共生关系是否会产生不同的影响?

基于上述提出的问题,本书通过人工转接的技术,严格控制宿主植物基因型,分别测定在自然条件和温室条件下,内生真菌种类和宿主植物基因型对羽茅-内生真菌共生体的生长指标以及光合生理特性影响;然后进行刈割处理,以期解答内生真菌种类和宿主基因型是否会对共生体的再生长能力产生影响。

5.1 内生真菌种类和宿主基因型对羽茅的生长和光合特性的影响

5.1.1 材料与方法

5.1.1.1 实验材料

实验材料于 2008 年 8 月采自中国农业科学院呼伦贝尔草原生态系统国家野外实验站,该样地位于 119.67 °E,49.10 °N,年降雨量约为 367 mm,年均温为 −2 ℃,属于草甸草原。由于羽茅是属于异花授粉,因此本书中假定采自不同母本植株的羽茅种子具有不同的植物基因型。为减小羽茅分株属于相同的基因型的可能性,本书实验中采集的羽茅之间至少间隔 5 m 的距离。此次采回的所有种子于 4 ℃ 冰箱中保存。通过对种子进行 60 ℃ 热处理 30 d,得到不染菌的种子,并且该方法对羽茅的萌发率没有显著影响[88]。

5.1.1.2 实验方法

(1)羽茅的种植与培养

　　选取海拉尔样地中相对较远的不同基因型羽茅的种子,经过 60 ℃高温处理,得到 20 个不同基因型的不染菌(E－)个体。2010 年 4 月播种于蛭石中,然后将每个穗上的种子所得到的成株选一个分蘖,将此分蘖进行扩繁,每个基因型的羽茅个体的分蘖数扩繁至 3 个重复,共 60 盆,用于之后的转接。已有研究发现,羽茅中内生真菌具有较高的形态多样性,在 5 个样地分离得到的 438 个菌株中被分为 10 个内生真菌形态型,其中,*Neotyphodium gansuense* 和 *Neotyphodium sibiricum* 是所有样地中的优势内生真菌形态(图 5-1),其多度总和(即表示菌的出现频率次数总共多少)占据每个地理种群分离得到的内生真菌总数的 92%～95%,是羽茅中的优势内生真菌形态型,因而,本书实验选用这两种内生真菌进行研究。2011 年 3 月 1 日,纯化内生真菌 *Neotyphodium gansuense*(标记为 Ng)和 *Neotyphodium sibiricum*(标记为 Ns)(PDA,各 6 皿)以及 Ng、Ns 的菌悬液(YM,各 5 瓶)。2011 年 3 月 17 日到 2011 年 3 月 22 日,成株转接 Ng、Ns 到每个基因型的羽茅的所有分蘖中。E－扩繁出 40 株后,其余的做相同处理后作为转接的 E－,经过内生真菌检测,确定染菌植株,在南开大学网室中,测定自然条件下 10 个不同内生真菌和植物基因型对羽茅生长与生理特性。2011 年 11 月 5 日,检测成株转接 Ng、Ns 的羽茅以及胚芽鞘转接的羽茅,成株转接最后同一基因型满足分别感染 Ng、Ns 条件的基因型有 8 个,分别标记为 G1、G3、G8、G9、G10、G13、G15、G17。分别将每个基因型对应的 E－和分别感染 Ng、Ns 的每个基因型的内生真菌的羽茅扩繁至 3 个重复,用于研究温室条件下人工转接后 8 个不同植物基因型与内生真菌种类对羽茅的影响。

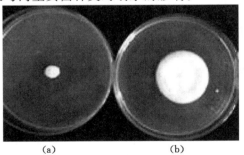

(a)　　　　　　　(b)

图 5-1　两种内生真菌的菌落形态

(a) *Neotyphodium sibiricum*;(b) *Neotyphodium gansuense*

（2）人工转接构建羽茅-内生真菌共生体

2011 年对羽茅进行叶鞘分离内生真菌,将叶鞘浸于 70％乙醇溶液里连续搅拌 5 s,然后放入含 0.5％有效 Cl 的 NaClO 溶液里连续搅拌 5 min 表面灭菌。在无菌的环境下将叶鞘剪成 0.5 cm 小块,接入培养皿内的固体 PDA 培养基中,接 6 块/瓶,25 ℃黑暗环境下培养。获得感染两个不同种内生真菌的羽茅,这两种菌的生长特征如下：*Neotyphodium sibiricum* 菌株呈白色,菌丝致密,生长速度极为缓慢,标记为 Ns。*Neotyphodium gansuense* 菌株,白色,棉质至毡质,菌落周围偶有窄的白灰色区域,生长较快,标记为 Ng。用菌悬液进行转接的方法是：先用无菌针将菌丝插入到植株基部 1 cm 处,再将对应菌种的 YM 菌悬液注射到成株的羽茅中。

（3）生理生态指标的测定

2011 年 9 月 6 日,网室自然条件下测定转接得到的 10 个不同基因型的 Ng、Ns、E—的羽茅生长指标,包括株高、叶片数和分蘖数,每个染菌状况的 Ng、Ns 和 E—羽茅各 5 个重复。测定一次植株的叶面积,然后在 80 ℃条件下烘干至恒重,用电子天平(精度为 0.000 1 g)称重,然后计算比叶重(LMA)。

2012 年 2 月 29 日到 2012 年 3 月 13 日,在温室测定转接条件下获得的 8 个不同基因型的羽茅-内生真菌共生体的生长指标,包括株高、分蘖数、叶片数、叶长和叶宽。生理指标包括 LMA 和碳、氮含量。

测定光合色素含量时采用乙醇丙酮混合液法(无水乙醇：丙酮＝1：1)浸泡提取色素,测定在 470 nm、645 nm、663 nm 处的浸泡液的吸光值[89]。用测定的吸光度值来计算叶片的叶绿素 a 含量、叶绿素 b 含量及类胡萝卜素含量。叶片碳、氮含量的测定方法是：植物样品充分烘干磨碎后,由 VARIO Macro CN 元素分析仪直接测定。

5.1.1.3 数据分析

所有数据应用 SPSS 13.0 软件和 SYATAT 13.0 进行统计,采用双因素方差分析,Tukey 检验($P < 0.05$)进行结果的比较分析。

5.1.2 结果与分析

5.1.2.1 自然条件下内生真菌种类和宿主植物基因型对羽茅生长和光合特性的影响

（1）羽茅生长指标

从表 5-1 中得知，自然条件下，内生真菌种类在羽茅的各项生长和生理指标上均有极显著的影响。通过 Tukey 检验得出，分别感染 Ng 和 Ns 的羽茅株高，叶片数都显著高于 E—植株[图 5-2(a)，图 5-2(b)]，羽茅的分蘖数具体表现为：Ns＞Ng＞E—，且感染 Ns 的羽茅分蘖数显著高于感染 Ng 和 E—的羽茅分蘖数[图 5-2(c)]。

表 5-1 　　　　　　　　羽茅的生长与生理指标的方差分析

因变量	源	df	MS	F	P
株高	植物基因型(P)	9	163.422	4.427	＜0.01
	内生真菌种类(E)	2	253.707	6.873	＜0.01
	P×E	18	99.345	2.691	＜0.01
	误差	60	36.913		
叶片数	植物基因型(P)	9	727.340	36.673	＜0.01
	内生真菌种类(E)	2	449.244	22.651	＜0.01
	P×E	18	221.491	11.168	＜0.01
	误差	60	19.833		
分蘖数	植物基因型(P)	9	78.919	28.297	＜0.01
	内生真菌种类(E)	2	181.433	65.056	＜0.01
	P×E	18	35.730	12.811	＜0.01
	误差	60	2.789		
比叶重	植物基因型(P)	9	48.728	2.033	0.051
	内生真菌种类(E)	2	260.782	10.882	＜0.01
	P×E	18	58.106	2.425	＜0.01
	误差	60	23.964		
氮含量	植物基因型(P)	9	1.098	319.619	＜0.01
	内生真菌种类(E)	2	1.104	321.242	＜0.01
	P×E	18	1.160	337.621	＜0.01
	误差	60	0.003		

续表 5-1

因变量	源	df	MS	F	P
碳含量	植物基因型(P)	9	2.907	11.841	**<0.01**
	内生真菌种类(E)	2	1.376	5.605	**<0.01**
	P×E	18	1.293	5.269	**<0.01**
	误差	60	0.245		
碳氮比	植物基因型(P)	9	133.331	592.556	**<0.01**
	内生真菌种类(E)	2	62.290	276.832	**<0.01**
	P×E	18	87.989	391.048	**<0.01**
	误差	60	0.225		

注:df 为自由度,MS 为均方,表中黑体字代表差异显著,下同。

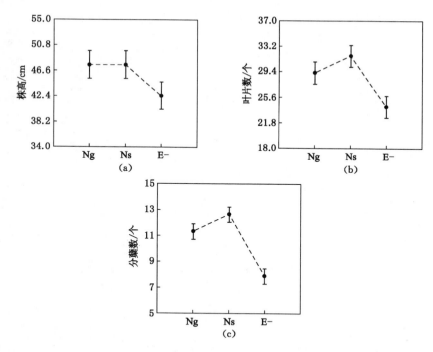

图 5-2 内生真菌种类对羽茅生长状况的影响

从表 5-1 中可以看出,自然条件下,宿主植物的基因型极显著影响羽茅的生长,包括株高、叶片数和分蘖数,也显著影响羽茅除比叶重以外的其他生理指标。除了 G13 和 G15 以外,其他植株的株高均显著高于 G17 的株高[图 5-3(a)]。G1、G2 和 G6 植株的叶片数显著高于其他植株的叶片数,并且 G8 的叶片数显著高于 G13 和 G17 的叶片数[图 5-3(b)]。G2 的分蘖数显著高于除 G1 和 G8 外的其他植株的分蘖数,并且 G17 的分蘖数显著低于其他各个植株的分蘖数[图 5-3(c)]。

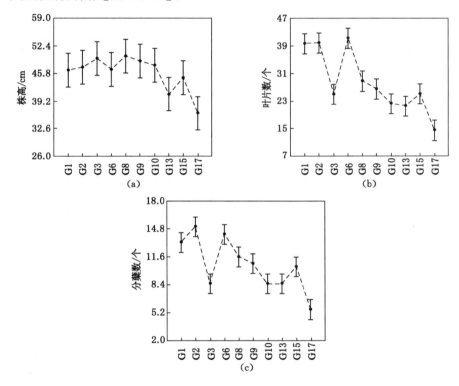

图 5-3 植物基因型对羽茅生长状况的影响

(2) 羽茅光合色素

从表 5-2 中得出,自然条件下,内生真菌种类显著影响羽茅中叶绿素 a 含量,对叶绿素 b 含量、总叶绿素含量、类胡萝卜素含量以及叶绿素 a/b 都有极显著的影响。其中,E-的叶绿素 a 含量、总叶绿素含量和类胡萝卜素含量都显著高于感染 Ng 的羽茅,感染 Ns 的羽茅和 E-植株的叶绿素 b 含量显著高于感染 Ng 的羽茅[图 5-4(a)、(b)、(c)、(e)]。感染 Ng 的羽茅叶绿素 a/b 显著高于 E一和感染 Ns 的羽茅的叶绿素 a/b［图 5-4(d)］。

表 5-2 羽茅光合色素含量的方差分析结果

因变量	源	df	MS	F	P
叶绿素 a 含量	植物基因型(P)	9	0.492	11.332	<0.01
	内生真菌种类(E)	2	0.173	3.996	0.023
	P×E	18	0.344	7.913	<0.01
	误差	60	0.043		
叶绿素 b 含量	植物基因型(P)	9	0.031	20.004	<0.01
	内生真菌种类(E)	2	0.032	20.666	<0.01
	P×E	18	0.021	13.095	<0.01
	误差	60	0.002		
总叶绿素含量	植物基因型(P)	9	0.730	12.218	<0.01
	内生真菌种类(E)	2	0.338	5.660	<0.01
	P×E	18	0.504	8.428	<0.01
	误差	60	0.060		
类胡萝卜素含量	植物基因型(P)	9	0.053	8.714	<0.01
	内生真菌种类(E)	2	0.035	5.712	<0.01
	P×E	18	0.035	5.761	<0.01
	误差	60	0.006		
叶绿素 a/b	植物基因型(P)	9	25.179	79.050	<0.01
	内生真菌种类(E)	2	26.629	83.605	<0.01
	P×E	18	22.063	69.269	<0.01
	误差	60	0.319		

从表 5-2 中得出,自然条件下,宿主植物基因型对羽茅中光合色素含量都有极显著的影响。其中,G9 的叶绿素 a 含量、叶绿素 b 含量、总叶绿素含量和类胡萝卜素含量都显著高于其他植株,G13 的叶绿素 a 含量、总叶绿素含量和类胡萝卜素都显著低于其他植株［图 5-5(a),(c),(e)］。G13 和 G17 的叶绿素 b 含量都显著低于其他植株［图 5-5(b)］。G17 羽茅的叶绿素 a/b 显著高于其他各个植物基因型的羽茅的叶绿素 a/b［图 5-5(d)］。

(3)羽茅的比叶重和碳、氮含量

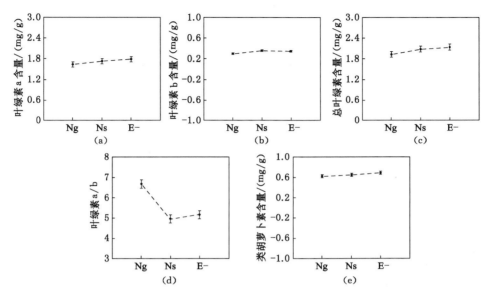

图 5-4　内生真菌种类对羽茅中光合色素含量的影响

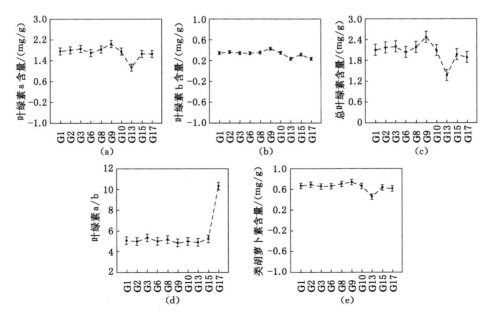

图 5-5　植物基因型对羽茅中光合色素含量的影响

从表 5-1 中可以看出,自然条件下,内生真菌种类对羽茅的各项生理指标都有极显著的影响。感染 Ng 的羽茅的比叶重显著高于 E－和感染 Ns 的羽茅[图 5-6(a)]。不同种类的羽茅氮含量之间差异显著,具体表现为:Ns＞E－＞Ng,其中,感染 Ns 的羽茅氮含量最大为 2.54%[图 5-6(b)]。感染 Ns 的羽茅的碳含量显著高于 E－和感染 Ng 的羽茅[图 5-6(c)]。不同基因型的羽茅碳氮比之间差异显著,具体表现为:Ng＞E－＞Ns[图 5-6(d)]。

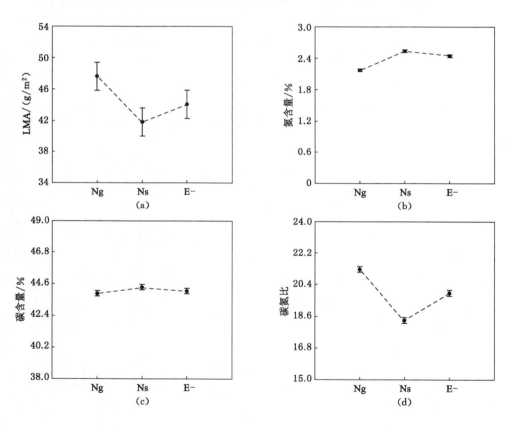

图 5-6　内生真菌种类对羽茅生理指标的影响

自然条件下,宿主植物的基因型极显著影响了羽茅除比叶重以外的其他生理指标(表 5-1)。宿主植物基因型之间的羽茅的氮含量具有显著差异,G10 的氮含量最高为 2.84%,G13 的氮含量最低为 1.54%[图 5-7(a)]。G9

的碳含量显著高于其他植株,最高为 45.34％,G10 的碳含量显著高于 G2、G3、G13、G15 和 G17 的碳含量,G13 的碳含量显著低于其他各个植物基因型[图 5-7(b)]。G13 的碳氮比显著高于其他植物基因型,G10 的碳氮比最低,为 15.81％[图 5-7(c)]。

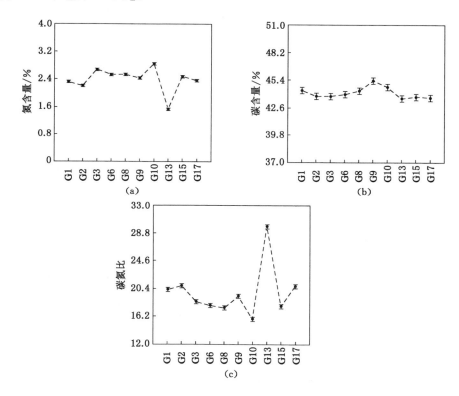

图 5-7 植物基因型对羽茅生理指标的影响

(4)羽茅光合指标

从表 5-3 中可以得到,自然条件下,宿主植物基因型极显著影响羽茅包含最大净光合速率在内的各个光合生理指标。内生真菌种类对羽茅的气孔导度、胞间 CO_2 浓度、气孔限制值和水分利用效率有极显著的影响。宿主植物基因型和内生真菌种类的相互作用极显著地影响羽茅的各个光合生理指标。

表 5-3 羽茅的光合生理指标的方差分析

	df	P_{max}		G_s		C_i	
		F	P	F	P	F	P
植物基因型(P)	9	3.832	<0.01	14.783	<0.01	4.129	<0.01
内生真菌种类(E)	2	2.739	0.067	4.488	**0.012**	35.259	<0.01
P×E	18	4.132	<0.01	14.436	<0.01	6.135	<0.01

	T_r		L_s		WUE		LUE	
	F	P	F	P	F	P	F	P
植物基因型(P)	15.028	<0.01	4.787	<0.01	5.245	<0.01	3.836	<0.01
内生真菌种类(E)	2.041	0.132	11.215	<0.01	4.931	<0.01	2.738	0.067
P×E	14.162	<0.01	5.285	<0.01	4.663	<0.01	4.127	<0.01

5.1.2.2　温室条件下内生真菌种类和宿主植物基因型对羽茅生长和光合特性的影响

（1）羽茅生长指标

从表 5-4 中可以看出，通过人工转接构建的羽茅-内生真菌共生体体系中，宿主植物基因型对羽茅的分蘖数、叶片数以及叶宽存在显著影响，也对羽茅除比叶重以外的其他生理指标有显著影响，包括氮含量、碳含量以及碳氮比。内生真菌种类对羽茅的叶长、叶片数以及其他生理指标有显著的影响。宿主基因型和内生真菌种类的相互作用显著影响羽茅除株高和比叶重以外的其他生长指标和生理指标。

表 5-4 羽茅各变量的方差分析

因变量	源	df	MS	F	P
株高	植物基因型(P)	7	461 478.602	0.992	0.448
	内生真菌种类(E)	2	493 321.643	1.061	0.354
	P×E	14	468 219.736	1.007	0.462
	误差	48	465 110.457		
分蘖数	植物基因型(P)	7	13.325	5.780	<0.01
	内生真菌种类(E)	2	0.722	0.313	0.733
	P×E	14	10.659	4.623	<0.01
	误差	48	2.306		

因变量	源	df	MS	F	P
叶长	植物基因型(P)	7	30.972	1.535	0.178
	内生真菌种类(E)	2	209.217	10.368	**<0.01**
	P×E	14	46.576	2.308	**0.016**
	误差	48	20.179		
叶宽	植物基因型(P)	7	0.023	2.979	**0.011**
	内生真菌种类(E)	2	0.020	2.664	0.080
	P×E	14	0.018	2.384	**0.013**
	误差	48	0.008		
叶片数	植物基因型(P)	7	192.532	7.788	**<0.01**
	内生真菌种类(E)	2	250.431	10.130	**<0.01**
	P×E	14	108.002	4.369	**<0.01**
	误差	48	24.722		
比叶重	植物基因型(P)	7	71.721	1.095	0.382
	内生真菌种类(E)	2	58.212	0.888	0.418
	P×E	14	83.119	1.269	0.261
	误差	48	65.517		
氮含量	植物基因型(P)	7	0.146	64.209	**<0.01**
	内生真菌种类(E)	2	0.772	340.157	**<0.01**
	P×E	14	0.544	239.719	**<0.01**
	误差	48	0.002		
碳含量	植物基因型(P)	7	6.060	41.266	**<0.01**
	内生真菌种类(E)	2	17.449	118.818	**<0.01**
	P×E	14	5.652	38.488	**<0.01**
	误差	48	0.147		
碳氮比	植物基因型(P)	7	5.155	41.058	**<0.01**
	内生真菌种类(E)	2	51.021	406.374	**<0.01**
	P×E	14	16.686	132.904	**<0.01**
	误差	48	0.126		

温室条件下,通过人工转接构建的羽茅-内生真菌共生体体系中,内生真菌种类显著影响羽茅的叶长和叶片数(表 5-4)。从图 5-8 中可以看出,除分蘖数外,感染 Ns 的植株的各项生长指标都大于感染 Ng 的植株,其中,Ns 和 E—的叶长显著高于 Ng 植株的叶长[图 5-8(b)]。E—的叶片数显著大于分别染菌 Ns 和 Ng 的羽茅植株的叶片数[图 5-8(d)]。

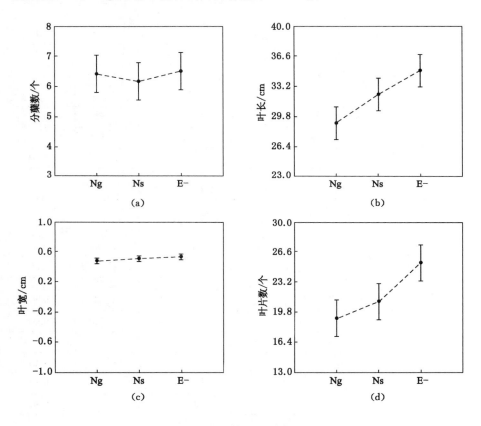

图 5-8 内生真菌种类对羽茅生长状况的影响

从表 5-4 中得知,人工转接构建的羽茅-内生真菌共生体中,宿主植物的基因型显著影响羽茅的分蘖数、叶片数以及叶宽。其中,G15 的分蘖数显著高于其他植株,G17 的分蘖数显著低于其他植株的分蘖数[图 5-9(a)]。G1的叶片数平均值为 28,显著高于除 G8 和 G15 外的其他宿主基因型的植株的叶片数,G17 的叶片数显著低于其他植株[图 5-9(d)]。G10 的叶宽显著高于 G3 和 G17 的叶宽[图 5-9(c)]。

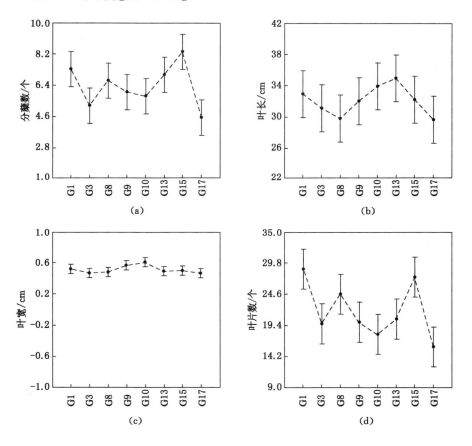

图 5-9 植物基因型对羽茅生长状况的影响

(2) 羽茅生理指标

从表 5-4 中可以看出,内生真菌种类对人工转接构建的羽茅-内生真菌共生体的碳含量、氮含量以及碳氮比都有显著的影响。感染 Ng 的植株的氮含量显著高于 E一和 Ns 植株的氮含量[图 5-10(a)],但 E一和 Ns 的碳含量却显著高于感染 Ng 的羽茅[图 5-10(b)]。不同种类内生真菌的碳氮比之间差异显著,具体大小表现为:E一>Ns>Ng[图 5-10(c)]。

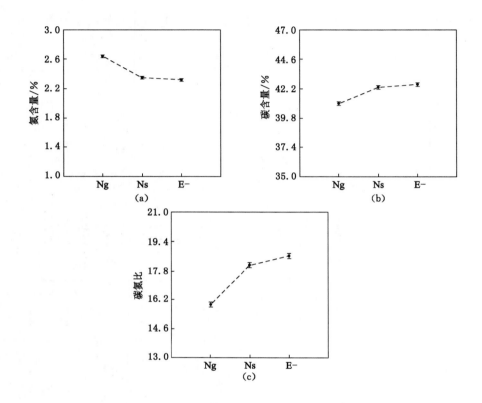

图 5-10 内生真菌种类对羽茅生理指标的影响

从表 5-4 中可以看出,人工转接构建的羽茅-内生真菌共生体中,宿主植物的基因型显著影响羽茅除比叶重以外的其他生理指标,包括氮含量、碳含量以及碳氮比。G3 和 G13 植株的氮含量显著高于除 G9 以外的其他各个植株的氮含量,G15 和 G17 植株的氮含量显著低于其他植株[图 5-11(a)]。G9 的碳含量平均值最大为 42.7%,显著高于 G3、G10 和 G17 的碳含量,并且 G17 的碳含量显著低于其他各个植物基因型的植株碳含量[图 5-11(b)]。G15 的碳氮比显著高于其他植株,G13 的碳氮比显著低于其他各个植物基因型[图 5-11(c)]。

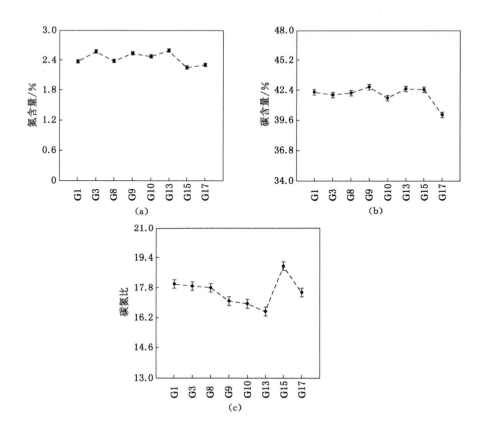

图 5-11　植物基因型对羽茅生理指标的影响

5.2　内生真菌感染与宿主植物基因型对羽茅再生长能力的影响

5.2.1　材料与方法

2010 年将高温处理得到的 20 个不染菌的不同基因型羽茅种于蛭石中,2011 年 3 月将已经分离出来纯化的内生真菌通过人工转接的方法,分别进行成株转接内生真菌 Ns(*Neotyphodium sibiricum*)和 Ng(*Neotyphodium gansuense*)到每个基因型羽茅植株的所有分蘖中。E—扩繁出 40 株后,其余的做相同处理后作为转接的 E—。

2011 年 11 月检测成株转接的羽茅,最后同一基因型满足分别感染 Ng、Ns 条件的基因型有 G1、G3、G9、G10 和 G15。每个染菌和不染菌的羽茅植株种在直径 20 cm,深 21 cm 的塑料花盆中,2012 年 4 月每个基因型 30 个 E十植株,10 个 E—植株,总共 200 盆用于实验。2012 年 5 月 13 日到 2012 年 5 月 30 日,测羽茅 Ng、Ns、E—的形态和生理指标。2012 年 5 月 30 日,刈割至 5 cm,每个基因型收获 5 盆,用于测定刈割前期的生理指标和生物量。2012 年 7 月 2 日,测定再生长四周后羽茅的形态及生理指标,包括最大净光合、荧光特性、叶面积和生物量等。2012 年 9 月 4 日,测定再生长前期和后期羽茅的氮含量、碳含量和 TNC 含量。

碳储存对于植物的再生长十分重要,非结构性碳水化合物(Total Nonstructural Carbohydrate,简称为 TNC)水平提供一个衡量植物再生长的整体可利用能量的依据[90-91]。TNC 使用 3,5-二硝基水杨酸比色法测得,通过 MYLASE 酶系统(α-淀粉酶,来自米曲霉,又称为高峰淀粉酶)和 520 nm 波长下使用 Teles'试剂进行测定[92]。再生长速率的公式:Regrowth rate＝$(\ln L_8 - \ln L_4)/4$ weeks,其中,L_8 和 L_4 分别代表植物在第八周和第四周时的叶面积[87]。

光合指标的测定:选取天气晴朗的时候进行光合生理指标的测定,测定系统为开放式气路,光强由 LI-6400-02BLED 红蓝光源进行自动控制,设定温度为 25 ℃,在自然 CO_2 浓度条件下(大约为 400 $\mu mol/mol$),用 LI-6400 光合作用测定仪对羽茅新叶完全展开的第一只叶片进行光合光响应测定。在光合有效辐射通量密度 PPFD 为 1 000 $\mu mol/(m^2 \cdot s)$ 下自动记录叶片最大净光合速率。

5.2.2 结果与分析

5.2.2.1 羽茅生长指标

由表 5-5 得知,刈割前宿主植物基因型显著影响羽茅的分蘖数和株高。不同基因型的羽茅生长状况不同(图 5-12)。只有一个植物基因型表现出染菌植株的株高高于未染菌的植株。然而,其他 3 个基因型(G1,G9 和 G10)表现出染菌植株的株高降低的趋势[图 5-12(a)]。G1、G3 和 G15 这 3 个基因型中,内生真菌存在显著提高的分蘖数[图 5-12(b)]。刈割后,株高、叶片数、叶片质量、地上生物量和叶面积受到宿主植物基因型的影响(表 5-5)。刈割后,一些染菌植株(G1,G10 和 G15)的株高表现出更大的优势[图 5-12(c)];植物基因型 G10 和 G15 的染菌植株比未染菌植株具有更多的叶片数和叶面积[图 5-12(d)]和图 5-12(e)]。

表 5-5   羽茅在刈割前和刈割后各个生长与生理指标的方差分析

因变量	源	刈割前				刈割后			
		df	MS	F	P	df	MS	F	P
分蘖数	基因型(G)	4	4.968	2.631	0.036	4	0.960	0.743	0.569
	染菌状况(I)	1	0.360	0.190	0.663	1	1.753	1.357	0.252
	G×I	4	1.787	0.947	0.438	4	1.627	1.259	0.304
	误差	167	1.888			36	1.292		
株高	基因型(G)	4	148.810	2.664	0.034	4	434.099	6.625	**<0.01**
	染菌状况(I)	1	9.128	0.163	0.687	1	78.101	1.192	0.282
	G×I	4	94.479	1.691	0.154	4	266.882	4.073	**<0.01**
	误差	167	55.859			36	65.529		
叶片数	基因型(G)	4	18.267	0.764	0.550	4	36.436	3.096	**0.027**
	染菌状况(I)	1	33.856	1.415	0.236	1	0.007	0.001	0.980
	G×I	4	24.389	1.019	0.399	4	12.913	1.097	0.373
	误差	167	23.924			36	11.769		
叶片质量	基因型(G)	4	0.029	0.702	0.593	4	0.132	4.701	**<0.01**
	染菌状况(I)	1	0.006	0.142	0.708	1	0.040	1.438	0.238
	G×I	4	0.074	1.817	0.135	4	0.074	2.638	**0.050**
	误差	73	0.041			36	0.028		
地上生物量	基因型(G)	4	0.059	0.877	0.482	4	0.260	3.126	**0.026**
	染菌状况(I)	1	0.013	0.191	0.664	1	0.232	2.783	0.104
	G×I	4	0.157	2.317	0.065	4	0.069	0.832	0.514
	误差	73	0.068			36	0.083		

续表 5-5

因变量	源	刈割前				刈割后			
		df	MS	F	P	df	MS	F	P
叶面积	基因型(G)	4	1.460	0.602	0.733	4	35.148	5.611	<0.01
	染菌状况(I)	1	0.022	0.009	0.940	1	1.698	0.271	0.606
	G×I	4	3.429	1.415	0.445	4	8.988	1.435	0.242
	误差	1	2.424			36	6.265		
氮含量	基因型(G)	4	0.043	1.867	0.131	4	0.527	6.189	<0.01
	染菌状况(I)	1	0.000	0.008	0.930	1	1.698	19.923	<0.01
	G×I	4	0.479	20.954	<0.01	4	0.113	1.321	0.275
	误差	50	0.023			50	0.085		
碳含量	基因型(G)	4	0.802	3.102	0.023	4	0.229	0.848	0.501
	染菌状况(I)	1	0.872	3.373	0.072	1	2.495	9.225	<0.01
	G×I	4	0.095	0.368	0.831	4	0.463	1.714	0.162
	误差	50	0.259			50	0.270		
碳氮比	基因型(G)	4	0.820	1.600	0.189	4	16.141	6.454	<0.01
	染菌状况(I)	1	0.227	0.444	0.508	1	51.442	20.570	<0.01
	G×I	4	9.889	19.304	<0.01	4	4.841	1.936	0.119
	误差	50	0.512			50	2.501		
非结构碳水化合物	基因型(G)	4	3.826	4.315	<0.01	4	3.748	15.739	<0.01
	染菌状况(I)	1	0.017	0.019	0.890	1	0.258	1.082	0.303
	G×I	4	2.418	2.728	0.039	4	0.834	3.502	**0.013**
	误差	50	0.887			50	0.238		
再生长速率	基因型(G)					4	0.015	1.341	0.265
	染菌状况(I)					1	0.008	0.711	0.402
	G×I					4	0.005	0.479	0.751
	误差					61	0.011		

注:G 为宿主基因型;I 为内生真菌感染状态。

5.2.2.2 羽茅光合指标

宿主植物基因型显著影响刈割前羽茅的各个光合特性值,包含最大净光合速率(图 5-13)、气孔导度、胞间 CO_2 浓度、蒸腾速率、气孔限制值、水分利用

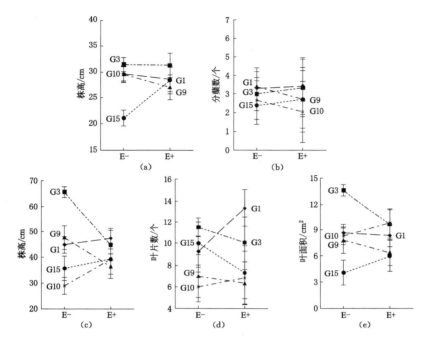

图 5-12　内生真菌感染对不同宿主基因型在刈割前以及刈割后的影响

（a）株高（刈割前）；（b）分蘖数（刈割前）；（c）株高（刈割后）；（d）叶片数（刈割后）；（e）叶面积（刈割后）

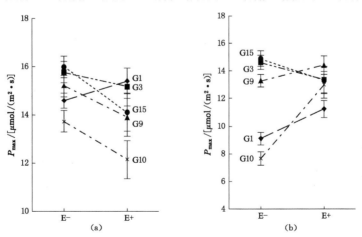

图 5-13　羽茅的最大净光合速率

（a）刈割前；（b）刈割后

效率和光合利用效率(表 5-6)。内生真菌感染显著影响刈割前羽茅的最大净光合速率和光合利用效率,然而,其他光合指标在染菌与未染菌植株间无差异(表 5-6)。

表 5-6　　　　　　　羽茅的光合指标在刈割前的方差分析

	df	P_{max}		G_s		C_i	
		F	P	F	P	F	P
基因型(G)	4	4.973	<0.01	11.565	<0.01	9.458	<0.01
染菌状况(I)	1	5.751	**0.017**	2.531	0.112	1.305	0.254
G×I	4	2.214	0.066	2.342	0.054	3.943	<0.01

	T_r		L_s		WUE		LUE	
	F	P	F	P	F	P	F	P
基因型(G)	14.723	<0.01	8.970	<0.01	9.189	<0.01	4.965	<0.01
染菌状况(I)	2.740	0.098	1.372	0.242	1.114	0.292	5.771	**0.017**
G×I	2.542	**0.039**	4.222	<0.01	4.901	<0.01	2.212	0.066

　　宿主基因型与内生真菌影响刈割后羽茅的大多数光合指标,但内生真菌对蒸腾速率和水分利用效率没有显著影响(表 5-7)。刈割后染菌羽茅的最大净光合速率、气孔导度、胞间 CO_2 浓度和光合利用效率高于不染菌植株(图 5-14)。

表 5-7　　　　　　　羽茅的光合指标在刈割后的方差分析

	df	P_{max}		G_s		C_i	
		F	P	F	P	F	P
基因型(G)	4	19.648	<0.01	24.876	<0.01	112.510	<0.01
染菌状况(I)	1	6.876	<0.01	5.822	**0.017**	9.144	<0.01
G×I	4	6.866	<0.01	16.954	<0.01	24.688	<0.01

	T_r		L_s		WUE		LUE	
	F	P	F	P	F	P	F	P
基因型(G)	18.381	<0.01	107.291	<0.01	61.970	<0.01	19.637	<0.01
染菌状况(I)	3.235	0.073	8.514	<0.01	0.917	0.339	6.840	<0.01
G×I	18.784	<0.01	24.337	<0.01	22.620	<0.01	6.866	<0.01

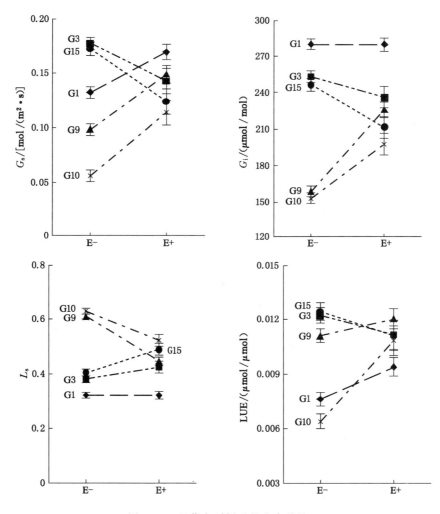

图 5-14 羽茅在刈割后的光合特性

刈割前,只有 1 个植物基因型的最大净光合速率表现为染菌植株高于不染菌植株,而有 4 个基因型(G3,G9,G10 和 G15)则表现为染菌植株的最大净光合速率更低,未染菌植株的最大净光合速率[$15.05 \pm 0.33 \ \mu mol/(m^2 \cdot s)$]显著高于染菌植株[$14.14 \pm 0.19 \ \mu mol/(m^2 \cdot s)$](图 5-13)。刈割后,内生真菌增强 3 个宿主基因型植株(G1,G9 和 G10)的最大净光合速率,但另外 2 个宿主基因型没有表现出相似的结果(图 5-13)。染菌植株(G1,G9 和

G10)在第四周的时候具有更大的气孔导度和光合利用效率,但另外两个基因型没有表现出这一变化(图 5-14)。G1、G9 和 G10 的染菌植株具有更大的胞间 CO_2 浓度,但这 3 个基因型的染菌植株的气孔限制值低于不染菌植株(图 5-14)。

5.2.2.3　羽茅碳氮和非结构性碳水化合物含量

植物基因型与内生真菌的相互作用显著影响羽茅中的非结构性碳水化合物含量,刈割前宿主植物基因型显著影响羽茅中的碳含量和非结构性碳水化合物含量(表 5-5)。除 G1 外其他植物基因型的染菌植株的碳含量更高[图 5-15(a)]。G1 和 G9 的染菌植株具有更高的氮含量[图 5-15(b)]。非染菌植株和染菌植株的碳含量的平均值分别是 42.71% 和 42.98%。3 个植物基因

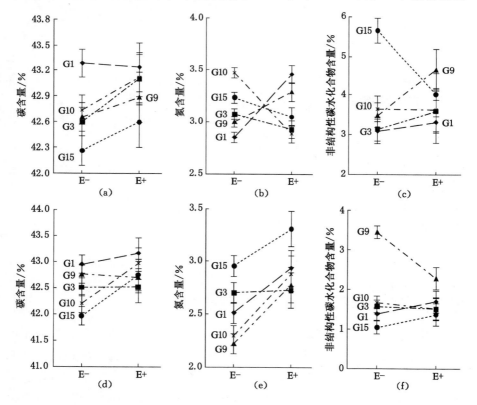

图 5-15　不同基因型羽茅的氮含量、碳含量以及非结构性碳水化合物含量

[注:(a)、(b)、(c)为刈割前,(d)、(e)、(f)为刈割后]

型 G1、G3 和 G9 的染菌植株的非结构性碳水化合物含量高于未染菌植株,但另外 2 个宿主基因型没有表现出一致的结果。G15 具有最大的非结构性碳水化合物含量,但由于宿主基因型和内生真菌之间的相互作用,而使得在染菌植株和非染菌植株之间没有一个一致的结果[图 5-15(c)]。对于 G15,E-的非结构性碳水化合物含量比 E+高 1.4 倍,但 G9 的 E+植株的非结构性碳水化合物含量比 E-高 1.3 倍。5 个宿主植物基因型中,有 4 个基因型表现为染菌植株的非结构性碳水化合物含量高于不染菌植株[图 5-15(c)]。

刘割后,宿主植物基因型显著影响羽茅的非结构性碳水化合物含量,染菌植株的碳含量显著高于不染菌植株[图 5-15(d)],宿主基因型和内生真菌对羽茅的氮含量和碳氮比均有显著的影响(表 5-5)。刈割后,E+植株(2.93%±0.044%)比 E-(2.54%±0.075%)具有更高的氮含量[图 5-15(e)]。然而,E+和 E-植株的非结构性碳水化合物含量之间没有显著差异[图 5-15(f)]。G1 和 G15 染菌植株的非结构性碳水化合物含量高于不染菌植株,但其他 3 个基因型没有表现出这一结果。总体来看,G9 的非结构性碳水化合物含量最高[图 5-15(f)]。

5.2.2.4 羽茅再生长速率和生物量

宿主植物基因型和内生真菌及其二者的相互作用对羽茅植株的再生长速率没有显著的影响[表 5-5,图 5-16(a)]。

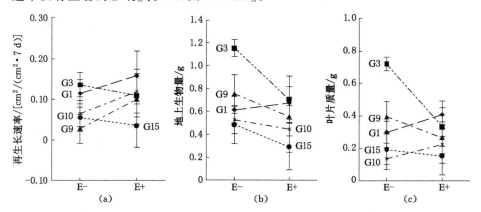

图 5-16 不同基因型的羽茅刈割四周后测得的数据
(a) 再生长速率;(b) 地上生物量;(c) 叶片质量

实验末期,宿主植物基因型显著影响羽茅的叶片质量和地上生物量(表5-5),G1的染菌植株地上生物量高于不染菌植株,并且G1和G10的染菌植株的叶片质量分别高于各自的不染菌植株的叶片质量[图5-16(b)和图5-16(c)]。E一植株的叶片质量(0.345±0.240 g)高于E+植株(0.305±0.170 g);E一植株的分蘖基部生物量(0.352±0.118 g)大于E+植株的分蘖基部生物量(0.298±0.155 g)(图5-17)。刈割后,宿主植物基因型和内生真菌的相互作用显著影响羽茅的叶片质量(表5-5)。

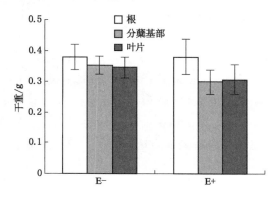

图 5-17　羽茅在实验末期的分蘖基部生物量、叶片质量以及根重

5.3 讨论

本书研究发现,在刈割前,宿主植物基因型对羽茅的分蘖数和光合特性的影响要比内生真菌产生的影响更大。Cheplick研究发现相似的结果:宿主植物基因型对多年生黑麦草的影响要大于内生真菌对黑麦草分蘖数的影响[93]。Cheplick和Cho也在另一项研究中发现,在植物落叶期,内生真菌感染对多年生黑麦草的分蘖数和叶面积的影响取决于宿主植物的基因型[94]。叶片质量、分蘖基部的质量和再生长后的比叶面积取决于植物基因型与内生真菌的相互作用[94]。生长分蘖的能力是反映丛生型禾草的一个重要生态指标[93]。对于羽茅而言,植物基因型G1和G10的染菌植株比非染菌植株表现出更高的分蘖数和叶片质量;G1比不染菌植株具有更大的地上生物量,G10的叶面积显著高于不染菌植株。这表明分蘖数和地上生物量以及叶面积紧

密相关[31,95]。本书研究表明,宿主植物基因型在刈割之前对羽茅的分蘖数和植株高度有显著影响。本书研究的另两个实验结果也发现,自然条件下,宿主植物的基因型对羽茅株高、叶片数和分蘖数存在极显著影响;温室条件下,宿主植物的基因型显著影响羽茅的分蘖数、叶片数以及叶片宽度。

内生真菌能通过改变植物的光合作用,来影响植物的生长状况[96]。有研究表明,不论是什么母本基因型或在何种处理条件下,测得五分之四的染菌亚利桑那羊茅比非染菌植株具有更低的净光合速率,并且它们比非染菌植株具有更少的生物量[81]。然而,本书实验发现宿主植物基因型影响刈割前羽茅的各个光合指标,内生真菌只显著影响羽茅的最大净光合速率和光合利用效率。在自然条件和转接实验中,内生真菌种类也是显著影响羽茅的气孔导度、胞间 CO_2 浓度、气孔限制值和水分利用效率的重要因素。

刈割后,宿主植物基因型对羽茅的生长和地上生物量的影响要高于内生真菌产生的影响。植物生物量通常用来反映内生真菌对多年生黑麦草的影响[96]。Cheplick 发现宿主基因型对多年生黑麦草生物量的影响要高于内生真菌对其产生的作用[93]。本书研究表明宿主植物基因型影响植物的株高、叶片数、叶面积以及实验末期羽茅的地上生物量和叶片质量。E-植株的地上生物量高于 E+,这与天然禾草亚利桑那羊茅研究结果一致[53]。这些生物量上的差异主要体现在分蘖基部的质量和叶片质量上,而根的质量没有表现出差异。因此,内生真菌感染并没有对羽茅的生长产生之前所预测的互利共生作用。有研究表明 E-比 E+植株更具有优势,主要体现在 E-更多投入到植株地上部分的生长[30,94]。许多研究已经表明内生真菌对禾草的影响还取决于环境条件和宿主植物基因型[31,50,94]。然而,尽管本书实验中宿主植物基因型显著影响羽茅的分蘖数、叶片数、叶面积、叶片质量和地上生物量,但是宿主基因型和内生真菌的相互作用却没有表现出显著影响。

本书研究表明,羽茅的非结构性碳水化合物含量在刈割的前后都受宿主植物基因型的影响,而内生真菌在刈割后对羽茅的碳含量有影响。在许多生长与储存特性上,Cheplick 和 Cho 研究表明内生真菌对落叶期的多年生黑麦草的非结构性碳水化合物含量的影响取决于植物基因型。这表明落叶期对植株的影响主要取决于宿主植物基因型,而不是内生真菌[94]。非结构性碳水化合物含量的累积与储藏可能是由于在 E-植株生长方面碳水化合物的不充分利用，与此类似的研究表明，E＋高羊茅具有更高的有效矿质营养利用率[97]。Sullivan 等发现受损的高羊茅 E＋植株比 E－具有更低的叶片氮含量和更高的碳氮比，这表明 E＋分配更多的氮元素用于防御[98]。本书实验发现，自然条件和温室条件下都得到相同的结果，宿主植物的基因型显著影响羽茅除比叶重以外的其他生理指标，包括氮含量、碳含量以及碳氮比。自然条件下，宿主植物基因型对羽茅中光合色素含量以及各个光合生理指标都有显著的影响。宿主基因型和内生真菌的相互作用也极显著影响羽茅的生长和碳氮百分含量，光合色素含量以及羽茅的各个光合生理指标。本书实验发现，羽茅的碳氮比和氮含量受到宿主植物基因型和内生真菌的影响，刈割后，E＋的氮含量显著高于 E－植株。E＋和 E－植株的储存和消耗对策可能取决于氮的有效利用率和宿主植物基因型[7]，这一点也适用于解释羽茅中存在的类似结果。

大多数关于高羊茅和黑麦草的研究表明，内生真菌对植株中分蘖基部或者再生长后植株中碳水化合物的储存还没有一致的影响结果[31,94,99-100]。Cheplick 和 Cho 认为内生真菌感染对再生长速率的影响主要取决于宿主植物基因型，而不是内生真菌感染与否[94]。总体来说，内生真菌对黑麦草的生长，碳水化合物的储存以及再生长并没有体现出很重要，并且保持一致的正效应[94]。因此，宿主-内生真菌共生关系并不总是互利共生的[30,50,101]。本书研究发现，羽茅的叶面积再生长速率受宿主基因型和内生真菌的影响。内生真菌与宿主植物的关系复杂多变。在栽培草中，染菌通常可以促进植物的生长并改变光合特性[37,102-103]。近期研究发现，植物基因型和内生真菌基因型是影响 *Neotyphodium* 与宿主禾草之间关系的因素[30,94,104-106]。

宿主植物基因型与内生真菌的相互作用对羽茅大多数光合特性以及储存特性的影响，表明内生真菌不仅能影响宿主植物的光合能力，还对自然选择中不同基因型的宿主植物的可塑性具有潜在的影响。事实上，通过自然选择，在某种程度上植物基因型会被限制在一定范围，宿主-内生真菌相互作用的结果并不能仅仅简单地取决于宿主基因型，也要考虑到宿主的染菌状况[94]。宿主在形态上和生理上的遗传变异性对内生真菌感染的响应也已经被许多学者研究[37,107-108]。显然，特殊的宿主-内生真菌组合更容易依赖环境因素，并且其特性紧密地与进化适应性相结合。

　　总之,羽茅中宿主植物基因型的影响大于内生真菌对植株产生的影响,特别表现为对刈割后羽茅的生长、储存特性以及光合特性的影响。与本书研究结果相似,Cheplick 发现,刈割后,宿主植物基因型对多年生黑麦草的再生长能力有显著影响[87]。由于天然禾草具有很高的遗传多样性[106,109],所以自然种群中禾草-内生真菌关系更为复杂。

不同传播方式的内生真菌感染对
羽茅生长和生理特性的影响

  Epichloë 内生真菌包含 *Neotyphodium* Glem，Bacon & Hanlin 及其有性型的 *Epichloë*(Fr.)Tul. 属(麦角菌科,香柱菌属)内生真菌,普遍分布于冷季型的禾本科植物中,在植物体内完成其部分或全部的生活史[110]。*Neotyphodium* 属内生真菌与宿主植物的关系具有代表性的研究意义,通过垂直传播方式内生真菌进行传播,在高羊茅、黑麦草、睡眠草(*Achnatherum robustum*)和羽茅(*Achnatherum sibiricum*)上都存在有这类型内生真菌[111],epichloë 内生真菌的全部生活周期都在植物体内完成,菌丝在宿主禾草开花期进入子房,植物产生种子后,内生真菌便存在于种子中,从而可以通过种子进行传播,其间不形成任何子座或孢子。目前所研究的禾草植物中的内生真菌大部分属于此类传播方式。*Epichloë* 属真菌能够感染 7 个族 16 个属以上的禾本科植物,在世界范围内分布广泛[78,112]。*Epichloë* 真菌通过水平方式进行传播,偶尔能在植物的茎秆和花序上形成特征性的子座,内生真菌形成有性孢子,通过虫媒作用,与其他植株上配型相反的有性孢子结合,并产生子囊孢子,侵染新的个体[21],因此宿主的有性繁殖被完全抑制,内生真菌与宿主间为拮抗关系。Leuchtmann 和 Clay 发现大多数感染 *Epichloë typhina* 菌的披碱草属(*Elymus* spp.)植株同一个个体上[27],往往同时存在带有子座的和产生种子的两类生殖枝,只有产生子座的生殖枝营有性生殖,进行水平传播,而多数产生种子的生殖枝随着宿主的无性繁殖进行垂直传播,称为混合传播方式[25]。在本书的研究中,通过对感染不同传播方式的羽茅植株进行叶鞘分离,本书实验得到两种不同形态的内生真菌,并将带有子座的羽茅中内生真菌归入 *Epichloë gansuensis*。

对高羊茅和黑麦草的研究发现,*Neotyphodium* 内生真菌能提高宿主的生长[29]、耐旱性[113]、对养分的吸收和利用[97]以及宿主对动物的拒食能力[15]。然而,很多研究发现天然禾草上的研究结论与栽培禾草上的不一致甚至是相反,且 *Epichloë* 属内生真菌与天然禾草共生对宿主的有益影响可能小于 *Neotyphodium* 属内生真菌,原因可能是 Epichloë 属内生真菌能在宿主部分或全部生殖枝上产生子座,抑制宿主的开花和结实[75];也可能与 Neotyphodium 属内生真菌相比,多数 *Epichloë* 属内生真菌不产生生物碱或生物碱的产生水平很低[76]。大部分研究都集中在 *Neotyphodium* 内生真菌对宿主的影响,以及影响 *Epichloë* 产生子座的条件。关于 *Epichloë* 对宿主的生理生态特性影响研究较少,有报道指出 *Epichloë typhina* 由于在宿主细弱剪股颖叶鞘上产生子座抑制宿主抽穗、开花,从而增强宿主地上、地下营养生长,分蘖数显著增多[114]。那么,在羽茅中不同传播方式的 *Neotyphodium* 和 *Epichloë* 内生真菌对宿主的生长与生理特性是否也有不同的影响呢?本书实验从内生真菌的传播方式差异入手,采用田间栽培和人工构建羽茅-内生真菌共生体两种方式,探讨不同传播方式的内生真菌对羽茅植株的生长及生理特性的影响。

6.1　自然条件下不同传播方式内生真菌感染对羽茅生长及光合特性的影响

6.1.1　材料与方法

6.1.1.1　实验材料

2009 年 4 月在南开大学的网室样地中,在 8 个 1 m×1 m 的样方中播撒采自海拉尔种群的饱满种子,每个样方间距 50 cm,其中随机分布选择 4 块样方播撒染菌种子,相互间隔开。另外 4 块播撒不染菌种子,每个样方 100～120 粒。2011 年 5 月发现有 2 块样方中的羽茅产生子座较多(图 6-1),另外 2 块样方中的染菌羽茅没有产生子座。本书实验中,分别于 2011 年和 2012 年测定已标记的产生子座植株生理生态特性,并且从长满子座的植株中分离纯化出与羽茅共生的通过水平传播的 *Epichloë* 属内生真菌,从没有产生子座的植株中分离得到垂直传播的 *Neotyphodium* 属内生真菌。分别感染 *Neotyphodium*(标记为 Ne)和 *Epichloë*(标记为 Ep)以及不染菌植株(标记为 EF)所在各样方的土壤氮含量分别为 0.097%、0.033% 和 0.057%,碳含量分别是 2.16%、1.19% 和 1.507%。每块样方中选取 3～5 个重复进行羽茅生理生态指标的测定。

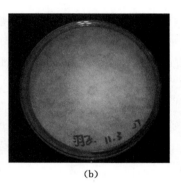

(a)　　　　　　　　　　　　(b)

图 6-1　产生子座的羽茅成株以及与其共生的 Epichloë 内生真菌

(a) 羽茅成株;(b) *Epichloë* 菌

6.1.1.2　实验方法

可溶性糖含量采用蒽酮比色法进行测定。总酚含量的测定参照 Malinowski 等的方法,采用乙醇:水(1:1)混合液浸提总酚、$FeCl_3$(0.9%)与铁氰化钾(0.6%)处理后,在 720 nm 处测定吸光度得到总酚含量[115]。

6.1.2　结果与分析

6.1.2.1　植物生长

由图 6-2 可以得知,不同传播方式的内生真菌对羽茅的生长指标影响不同。在 2011 年,本书实验测得垂直传播的内生真菌显著增加羽茅的叶长与叶宽的比(Ne:56.62±4.15,EF:37.02±2.71,Ep:42.58±3.88,图 6-2)。然而,在 2011 年和 2012 年均测得水平传播的内生真菌显著降低羽茅的株高(图 6-2,图 6-3)。不同传播方式的内生真菌感染的羽茅的叶长具有显著差异(Ne:50.60±2.28 cm,EF:42.82±1.92 cm,Ep:23.24±0.75 cm),在 2011 年 5 月测得的变化趋势为 Ne>EF>Ep(图 6-2)。

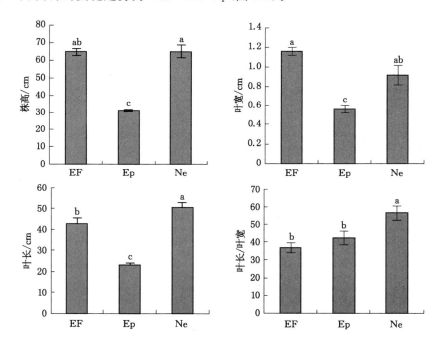

图 6-2　感染不同传播方式的内生真菌对 2011 年羽茅生长状况的影响

(注:不同字母 a,b,c 表示 P 值在 0.05 的水平上差异显著)

从图 6-3 看出,2012 年 5 月测得垂直传播的内生真菌感染的羽茅和不染菌植株的叶面积都显著高于感染水平传播内生真菌的羽茅(图 6-3)。感染水平传播方式内生真菌的羽茅比叶面积(SLA)2012 年显著高于不染菌植株和感染垂直传播方式内生真菌的羽茅,但这一变化在 2011 年的观测中(Ne:25.36±0.49 m²/kg,EF:23.70±1.30 m²/kg,Ep:25.05±1.07 m²/kg)没有表现出来(图 6-4)。

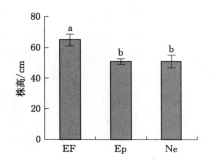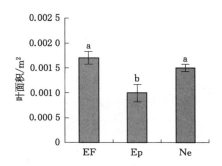

图 6-3　感染不同传播方式内生真菌对羽茅 2012 年生长状况的影响

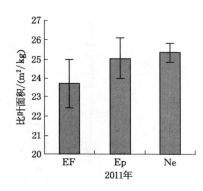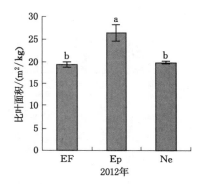

图 6-4　感染不同传播方式内生真菌的羽茅比叶面积

6.1.2.2　光合色素含量与植物光合特性

从图 6-5 可以看出,2011 年测得不同传播方式的内生真菌对羽茅的光合色素含量影响不同。EF 植株的类胡萝卜素显著高于感染垂直传播内生真菌的羽茅(EF:0.88±0.014 mg/g,Ne:0.63±0.08 mg/g,图 6-5),感染 *Neotyphodium* 属内生真菌的羽茅叶绿素 a/b(Ne:5.30±0.06,EF:4.58±0.08,Ep:4.68±0.10)显著高于感染 *Neotyphodium* 的植株和不染菌植株(图 6-5)。感染水平传播方式的内生真菌有促进羽茅光合色素积累的趋势,但是差异不显著。较高的光合色素含量导致 EF 植株具有较大的最大净光合速率。内生真菌感染显著影响羽茅的最大净光合速率,在 2011 年和 2012 年都得到相同的结果,EF 的最大净光合速率显著高于感染 *Neotyphodium* 和 *Epichloë* 的植株,感染水平传播方式的内生真菌的羽茅最大净光合速率显著低于感染垂直传播内生真菌的羽茅(图 6-6)。

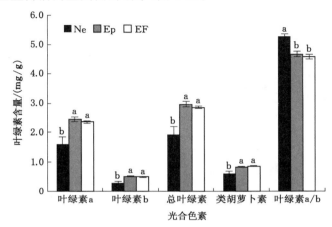

图 6-5　2011 年感染不同传播方式内生真菌的羽茅光合色素

(注:叶绿素 a/b 无单位)

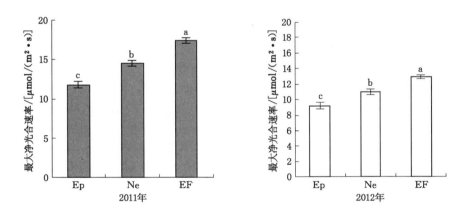

图 6-6　感染不同传播方式内生真菌的羽茅的最大净光合速率

　　在羽茅的光合特性中,2011 年测得感染垂直传播方式的内生真菌的羽茅具有最大的水分利用效率,并且比不染菌植株的水分利用效率高 1.14 倍,2012 年两种传播方式的内生真菌的羽茅水分利用效率都显著高于不染菌植株(表 6-1)。EF 的光合利用效率在两年的观测中得到一致的结果,都显著高于分别感染两种不同传播方式的内生真菌的羽茅植株。感染水平传播内生真菌的羽茅的气孔导度和水分利用效率在 2011 年显著低于感染垂直传播内生真菌的羽茅和未染菌的羽茅,并且 2011 年水平传播的内生真菌对羽茅的光合指标除胞间 CO_2 浓度外的影响均为负效应。

表 6-1　　　　　　　　　　羽茅光合作用拟合值的比较

年份		蒸腾速率 /[mmol/(m²·s)]	气孔导度 /[mol/(m²·s)]	胞间 CO_2 浓度 /(μmol/mol)	气孔限制值	水分利用效率 /(mmol CO_2/mmol H_2O)	光合利用效率 /(μmol CO_2/μmol)
2011	Ep	5.83b	0.33b	320.6a	0.19c	2.035c	0.0098c
	Ne	4.76c	0.30b	294.8c	0.26a	3.086a	0.0121b
	EF	6.47a	0.42a	306.1b	0.23b	2.712b	0.0145a
2012	Ep	2.07c	0.09c	210.47b	0.48b	4.52b	0.008c
	Ne	2.44b	0.09b	199.80b	0.51a	4.53a	0.009b
	EF	3.45a	0.15a	249.13a	0.38c	3.74b	0.011a

注:同列各年内的不同字母 a,b,c 代表差异是否显著($P<0.05$)。

6.1.2.3　可溶性糖、总酚以及碳氮含量

2011 年测得,*Neotyphodium* 感染显著增加羽茅中可溶性糖的含量,与不染菌植株相比,染菌植株更趋向于在叶片中积累更多的可溶性糖。2011 年感染 *Neotyphodium* 的可溶性糖含量显著高于 EF,但与感染 *Epichloë* 的植株无显著差异[图 6-7(a)]。感染 *Neotyphodium* 的植株总酚含量最高,但不同传播方式内生真菌的羽茅之间无显著差异[图 6-7(b)],2012 年测得植物中非结构性碳水化合物也不存在显著差异[图 6-7(c)]。

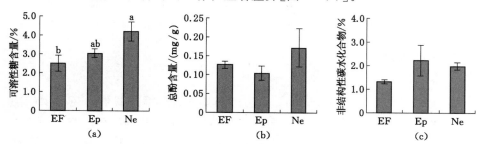

图 6-7　感染不同传播方式内生真菌的羽茅 2011 年可溶性糖和总酚含量
以及 2012 年羽茅的非结构性碳水化合物含量

　　感染不同传播方式的内生真菌对羽茅氮含量和碳含量的影响不同。感染水平传播的内生真菌的羽茅氮含量在两年测得的结果都显著高于感染垂直传播内生真菌的羽茅(图6-8)。2012年,感染有性型内生真菌的羽茅碳含量显著高于感染垂直传播内生真菌的羽茅和未染菌羽茅。感染垂直传播内生真菌的羽茅碳氮比在两年测得的结果都显著高于感染水平传播内生真菌的羽茅(图6-8)。

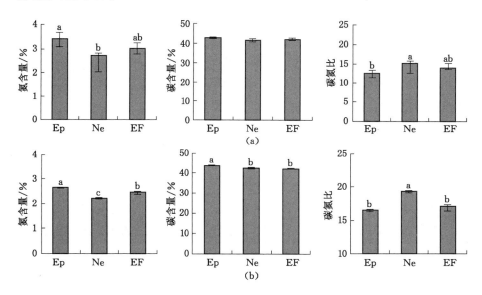

图6-8　感染不同传播方式的羽茅的碳含量、氮含量以及碳氮比

(a)2011年;(b)2012年

6.2　人工转接不同传播方式内生真菌及植物基因型对羽茅生长和生理特性的影响

6.2.1　材料与方法

　　2008年从海拉尔样地中采集不同基因型羽茅的种子,经过60℃高温处理,得到20个不同基因型的EF个体。2010年种于蛭石中,然后将每个穗上的种子所得到的成株选一个分蘖,将此分蘖进行扩繁,每个基因型每

个羽茅个体的分蘖数扩繁至 3 个重复,共 60 盆,用于之后的转接。2011 年 3 月 1 日,纯化 Ng、Ns(PDA,各 6 皿)以及 Ng、Ns 的菌悬液(YM,各 5 瓶)。2011 年 3 月 17 日到 2011 年 3 月 22 日,成株转接 Ng、Ns 到每个基因型的羽茅的所有分蘖中。2011 年 11 月 4 日纯化子座内生真菌(PDA,15 个)以及子座内生真菌的菌悬液(YM,7 个),3～4 d 后将纯化好的子座内生真菌转接到之前扩繁后并健康存活下来的 30 株不染菌的羽茅中。2011 年 11 月 5 日,检测成株转接 Ng、Ns 的羽茅以及胚芽鞘转接的羽茅。2011 年 12 月 23 日,检测转接子座菌的结果,有 6 个基因型羽茅个体染菌(G1、G3、G9、G10、G13、G15)。2012 年 2 月 29 日到 2012 年 3 月 13 日,在温室测定转接得到的不同传播方式的 6 个不同基因型的羽茅-内生真菌共生体的生理生态特性。

6.2.2 结果与分析

从表 6-2 中可以看出,人工转接构建的羽茅-内生真菌共生体中,内生真菌传播方式显著影响羽茅的生长,包括显著影响羽茅的叶长和叶宽,分蘖数以及叶片数。不同传播方式的羽茅叶片数之间的显著差异具体表现为:EF＞Ne＞Ep[图 6-9(a)]。EF 的叶长显著高于两种传播方式的染菌羽茅[图 6-9(c)],EF 的叶宽显著高于感染 *Epichloë* 的羽茅,而与感染 *Neotyphodium* 的羽茅叶宽无显著差异[图 6-9(b)]。EF 和感染 *Neotyphodium* 的羽茅分蘖数都显著高于感染 *Epichloë* 的羽茅[图 6-9(d)]。

表 6-2   羽茅植株的各个生长与生理指标的方差分析

因变量	源	df	MS	F	P
株高	植物基因型(P)	5	741 255.088	1.793	0.130
	内生真菌种类(E)	2	739 886.691	1.790	0.177
	P×E	10	699 869.627	1.693	0.106
	误差	54	413 450.309		
分蘖数	植物基因型(P)	5	7.343	2.891	＜0.01
	内生真菌种类(E)	2	150.563	59.274	＜0.01
	P×E	10	8.713	3.430	＜0.01
	误差	54	2.540		

因变量	源	df	MS	F	P
叶长	植物基因型(P)	5	18.664	0.677	0.643
	内生真菌种类(E)	2	290.242	10.530	**<0.01**
	P×E	10	40.582	1.472	0.175
	误差	54	27.563		
叶宽	植物基因型(P)	5	0.021	2.521	**0.040**
	内生真菌种类(E)	2	0.033	3.959	**0.025**
	P×E	10	0.017	2.024	**0.049**
	误差	54	0.008		
叶片数	植物基因型(P)	5	151.259	7.433	**<0.01**
	内生真菌种类(E)	2	1 636.569	80.426	**<0.01**
	P×E	10	96.686	4.751	**<0.01**
	误差	54	20.349		
氮含量	植物基因型(P)	5	0.299	3.533	**<0.01**
	内生真菌种类(E)	2	0.595	7.019	**<0.01**
	P×E	10	0.343	4.051	**<0.01**
	误差	54	0.085		
碳含量	植物基因型(P)	5	1.865	1.884	0.112
	内生真菌种类(E)	2	2.731	2.759	0.072
	P×E	10	3.040	3.071	**<0.01**
	误差	54	0.990		
碳氮比	植物基因型(P)	5	18.696	7.104	**<0.01**
	内生真菌种类(E)	2	34.714	13.190	**<0.01**
	P×E	10	14.947	5.679	**<0.01**
	误差	54	2.632		

从表 6-2 中可以看出,人工转接构建的羽茅-内生真菌共生体中,宿主植

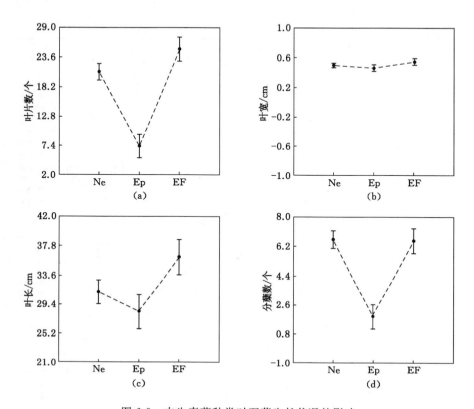

图 6-9　内生真菌种类对羽茅生长状况的影响

物的基因型显著影响羽茅的分蘖数、叶片数以及叶宽。G1 的叶片数显著高于除 G15 外的其他各个羽茅植株,并且 G1 和 G15 的叶片数显著大于 G9 和 G10 的叶片数[图 6-10(a)]。G10 的叶宽显著高于 G15[图 6-10(b)],但 G3 的分蘖数显著低于其他的植株[图 6-10(c)]。

　　从表 6-2 中可以看出,人工转接构建的羽茅-内生真菌共生体中,内生真菌传播方式对羽茅的氮含量和碳氮比也有显著的影响。感染 *Neotyphodium* 的羽茅氮含量显著高于 *EF* 的氮含量,但与感染 *Epichloë* 的羽茅之间无显著差异[图 6-11(a)],EF 的碳氮比显著高于感染 *Neotyphodium* 和 *Epichloë* 的羽茅植株[图 6-11(c)]。

　　从表 6-2 中可以看出,人工转接构建的羽茅-内生真菌共生体中,宿主植物的基因型显著影响羽茅的氮含量和碳氮比。从图 6-12(a)和图 6-12(b)中

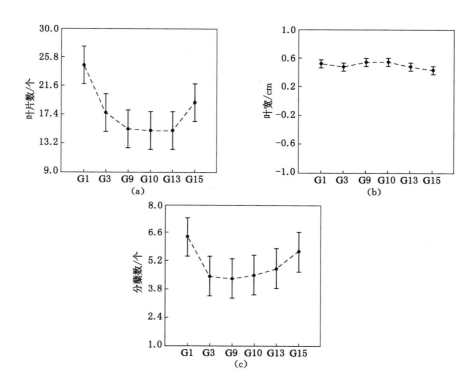

图 6-10　植物基因型对羽茅生长状况的影响

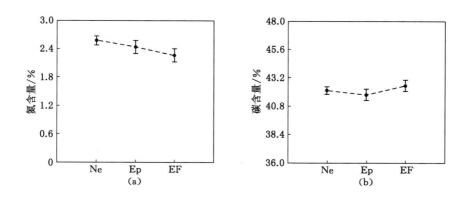

图 6-11　内生真菌种类对羽茅生理指标的影响

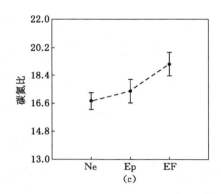

续图 6-11　内生真菌种类对羽茅生理指标的影响

得出,G10 的氮含量最高,但 G10 的碳含量却是最低的。G1 和 G15 的碳氮比显著高于 G10 的碳氮比[图 6-12(c)]。

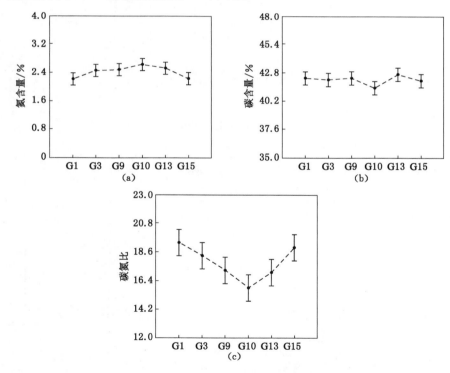

图 6-12　植物基因型对羽茅生理指标的影响

从表 6-3 中可以得到,对于人工转接构建的羽茅-内生真菌共生体,宿主植物基因型显著影响羽茅的净光合速率、气孔导度、胞间 CO_2 浓度和蒸腾速率。不同传播方式的内生真菌导致羽茅净光合速率、气孔导度和蒸腾速率的不同。宿主植物基因型和内生真菌传播方式的相互作用也显著地影响羽茅除光合利用效率和气孔限制值以外的各个光合生理指标。从表 6-4 中可以看出,内生真菌的传播方式和宿主植物基因型以及其二者的相互作用,对人工转接不同传播方式的内生真菌得到的羽茅的光合拟合值没有显著的影响。

表 6-3　　　　　　　　　羽茅光合特性指标的方差分析

	df	P_n		G_s		C_i	
		F	P	F	P	F	P
植物基因型(P)	5	4.507	<0.01	3.788	<0.01	3.671	<0.01
内生真菌种类(E)	2	3.297	**0.038**	6.172	<0.01	1.492	0.226
P×E	10	3.153	<0.01	4.618	<0.01	2.584	<0.01
		T_r		L_s		WUE		LUE	
		F	P	F	P	F	P	F	P
植物基因型(P)		3.415	<0.01	2.136	0.059	1.237	0.290	1.124	0.346
内生真菌种类(E)		6.152	<0.01	1.232	0.292	2.950	0.053	0.107	0.898
P×E		5.307	<0.01	1.633	0.093	2.597	<0.01	0.488	0.898

表 6-4　　　　　　　　　羽茅光合指标拟合值的方差分析

	df	表观量子效率 α		最大净光合速率 P_{max}		暗呼吸速率值 R_d		光补偿点 LCP		光饱和点 LSP	
		F	P	F	P	F	P	F	P	F	P
植物基因型(P)	5	2.236	0.063	0.774	0.573	0.519	0.761	0.698	0.627	0.722	0.610
内生真菌种类(E)	2	0.034	0.967	0.753	0.476	0.811	0.449	0.235	0.792	0.650	0.526
P×E	10	1.152	0.342	0.816	0.614	0.411	0.936	0.797	0.632	1.419	0.196

6.3　讨论

Bradshaw 和 Snaydon 最早报道内生真菌可以影响宿主植物的生长[26]。

但关于不同传播方式的内生真菌,尤其是有性传播方式的内生真菌对宿主植物的影响研究相对较少。大部分研究集中于无性传播的内生真菌 *Neotyphodium* 对宿主植物的影响,有研究认为 *Neotyphodium* 属内生真菌与宿主植物在长期的共同进化过程中形成一种互利共生的关系,促进植物生长和分蘖形成,增强植物抗病害、抗动物采食及抗恶劣环境等能力[112], *Epichloë* 属真菌在宿主植物旗叶的叶鞘或茎秆上形成子座,未成熟的子座由一层致密的菌丝层组成,表面密布分生孢子,大部分都集中报道影响子座产生的原因,例如,如施肥和遮阴,可以提高 *E. sylvatica* 在小颖短柄草上子座产生更多[22];只在养分条件好且相对更湿润的生境中,感染 *E. typhina* 的大叶章才产生子座,而养分贫瘠的生境中不产生子座[23]。Tintjer 等[116]也发现生物、非生物因子可以引起与 *E. hystrix* 共生的 *E. elymi* 产生子座的数量发生变化。而 *Epichloë* 内生真菌子座产生的比例大小,反映其对宿主开花、结实的抑制程度。但关于 *Epichloë* 具体如何影响植物的生长和生理指标的研究较少。只有很少数研究发现,垂直传播的内生真菌比水平传播的内生真菌更能降低毒性[117]。De Battista 等[114]发现,*E. typhina* 由于在宿主细弱剪股颖叶鞘上产生子座抑制宿主抽穗、开花,从而使其地上部分和地下部分的营养生长增强,分蘖数显著增多。本书研究结果表明,自然条件下 *Neotyphodium* 感染对羽茅的株高和叶长有显著的正效应,而 *Epichloë* 感染对羽茅的增益作用较少,在人工转接的实验中,*Neotyphodium* 感染的羽茅分蘖数显著高于感染 *Epichloë* 的羽茅,并且内生真菌传播方式显著影响羽茅的生长,包括显著影响羽茅的叶长和叶宽、分蘖数以及叶片数,同时还发现宿主植物的基因型对羽茅的分蘖数、叶片数以及叶宽有显著影响。感染 *Neotyphodium* 内生真菌的羽茅植株的最大净光合速率显著高于感染 *Epichloë* 内生真菌的植株,*Neotyphodium* 显著提升羽茅的气孔限制值和水分利用效率,而第一年的结果表明 *Epichloë* 对羽茅的各个光合指标具有明显的负效应(胞间 CO_2 浓度除外)。可见,禾草-内生真菌之间的共生关系在光合特性方面不仅与羽茅的染菌状况有关,也与感染内生真菌的传播方式具有一定关系,并且垂直传播方式的内生真菌与水平传播方式的内生真菌相比,能促进宿主的生长与光合特性。

可溶性糖是一种重要的渗透调节物质,在干旱胁迫过程中植物体内可溶性糖含量的变化在一定程度上能反映其对不良环境的适应能力[118]。Hill 等研究发现,相同种类的高羊茅的可溶性糖含量在干旱胁迫条件下不受内生真菌感染的影响[119]。本书实验中,自然条件下 *Neotyphodium* 感染使得宿主植物积累的可溶性糖含量显著高于感染 *Epichloë* 的羽茅和不染菌植株。虽然本书研究中没有涉及生物胁迫,但垂直传播的内生真菌使得在宿主中储存更多的可溶性糖,植物如果受到低温及干旱的环境胁迫,增加可溶性糖含量可以降低渗透势,以适应低温和干旱环境[120],这对植物是有益处的,而水平传播的内生真菌并没有表现出这一结果,并且垂直传播方式的内生真菌使得宿主产生的总酚含量有高于水平传播的内生真菌的趋势,由此可以推测,当感染不同传播方式的内生真菌的宿主受到生物或非生物胁迫时,感染垂直传播的内生真菌的宿主防御能力很可能要强于感染水平传播方式的内生真菌的宿主。当然,这还有待进一步进行实验研究。

氮素是决定草地生态系统中牧草生长的关键因素,氮素含量的多少直接影响生态系统的生物生产、能量转化和生态演替。对于感染内生真菌的禾草而言,Lyons 等研究发现,内生真菌的感染使高羊茅植株的总氨基酸含量在叶片和叶鞘部分都有增加,但只有在叶鞘部分具有显著性[121]。本书实验表明,感染 *Epichloë* 内生真菌的羽茅中植株的氮含量显著高于感染 *Neotyphodium* 内生真菌的植株,但在人工转接实验中,*Neotyphodium* 内生真菌对羽茅的氮含量有显著的正效应,这表明不同传播方式的内生真菌对宿主叶片氮含量的影响并不一致。总体看来,人工转接和自然感染的羽茅之间的差异除个别指标(例如株高,氮含量)有明显差异外,其他大多数结果一致。而且,垂直传播的内生真菌与水平传播的内生真菌相比促进对宿主植物的生理生态影响。

内生真菌种类对睡眠草的
生长与抗旱性的影响

    内生真菌具有多样性且广泛存在于多种植物的地上部分[7]。冷季型禾草中,一些植物感染的内生真菌属于无性的 *Neotyphodium* 属,它通过种子进行垂直传播。这些专性共生体无症状地存在于植物组织中细胞间隙[15,50,78]。无性内生真菌与它们有性型 *Epichloë* 内生真菌密切相关,因为无性型内生真菌是起源于这些既能够水平传播也能垂直传播的有性型内生真菌,这也取决于宿主是否受到非生物胁迫[78]。

    无性 *Neotyphodium* 内生真菌感染能改变宿主植物的形态和生理[7],能促进植物的生长、繁殖,增强宿主对养分的吸收,提高竞争能力以及抗生物和非生物胁迫的能力[122]。一些关于天然禾草以及两种重要的栽培禾草高羊茅(*Fescuta arundinacea*)和黑麦草(*Lolium perenne*)的研究中,内生真菌能提高植物的抗旱性[7]。内生真菌在生物和非生物胁迫的条件下对宿主有益,因此称这种共生关系为互利共生[33,41]。通过对比群落中染菌宿主和其他非染菌植物,宿主植物中内生真菌的作用越来越受到人们的关注。

    然而,关于自然种群中,感染内生真菌的天然禾草相对研究较少[55,123-125],内生真菌的作用可能从互利共生到寄生或者偏利共生[81]。这些自然界中内生真菌与宿主复杂多变的共生关系可能是由于内生真菌和宿主的多样性,以及环境因素如土壤有效水分引起[22,126]。

在栽培禾草与天然禾草中,关于 *Neotyphodium* 与宿主复杂多变的相互作用大多数研究都集中在内生真菌的种类。这些研究中内生真菌的种类或者基因型被认为是影响宿主内生真菌与宿主共生关系的主要原因,而宿主植物基因型和环境因素起到的作用不大,例如,相同的植物物种中,内生真菌的种类可能在对宿主基因型的调控作用有所不同,以至于不同的内生真菌种类产生的影响结果要大于染菌和非染菌对不同宿主表型产生的影响[81]。一些分子方面的遗传证据证实天然禾草中,具有相当大的内生真菌的遗传变异性[127]。在相同的种群中,大多栽培禾草只感染一种 *Neotyphodium* 内生真菌,但天然禾草通常会感染多种 *Neotyphodium* 内生真菌[7]。较少数的研究会同时考虑内生真菌种类与植物基因型和环境因子对宿主的影响。

为测定染菌状态、内生真菌种类和植物基因型以及重要环境因子土壤水分对宿主的影响以及对干旱的响应,本研究选择美国西南部新墨西哥州两个不同种群中睡眠草的染菌(E+)和不染菌(E−)植株作为实验材料。从已有的研究中得知,一个种群(Weed, New Mexico)感染 *Neotyphodium funkii*[128],而另一个种群(Cloudcroft, New Mexico)感染的内生真菌 *Neotyphodium* 还没有定种。这两个种群虽然位于同一个气候带,两者相距也只有 22 km,但海拔高度相差 326 m,降水量差异相当明显:Weed 种群所在生境降水量较低(518 mm),而 Cloudcroft 种群所在生境降水量较高(770 mm)。本书实验设计随机区组实验,选择来自 Weed 和 Cloudcroft 种群的染菌和不染菌植株,在两个不同水分处理下,测定其生长指标以及萎蔫时间对干旱的响应。由于两个种群中的内生真菌的遗传背景具有较大差异的,本书研究预测,不同内生真菌对植物生长对策以及干旱的响应,可能会大于植物基因型和环境因子产生的影响。

7.1 实验材料与方法

7.1.1 实验材料

7.1.1.1 宿主植物——睡眠草

睡眠草(*Achnatherum robustum*)是禾本科芨芨草属,冷季型多年生天然丛生禾草,多分布于亚利桑那州、新墨西哥州、科罗拉多州、怀俄明州以及蒙大拿州的高海拔地区,常存在于松-草草原生境[83]。睡眠草是一个专性异交种,即两个不同基因型个体间的杂交形成,并通过种子来进行繁殖[129]。睡眠草为一种有毒物种,其名字源于本身对牲畜的毒性和麻醉作用[130]。直到20世纪末期才发现这种毒性是源于睡眠草感染的 *Neotyphodium* 内生真菌[131]。

7.1.1.2　内生真菌——*Neotyphodium*

然种群中,睡眠草通常感染 *Neotyphodium* 内生真菌,生长于植物叶鞘中,通过种子进行垂直传播[57]。睡眠草中至少感染有两种能产生不同的生物碱的内生真菌[57]。最新研究表明来自 Cloudcroft(N:32°57.452′,W:105°43.092′)种群的睡眠草感染一种杂交起源的 *Neotyphodium* 内生真菌,目前还未有确定种名,这种新的内生真菌能产生较高的麦角新碱和麦角酰胺。这些对牲畜有毒性的睡眠草只存在于 Clouldcroft 种群周边的一小部分。Weed 种群(N:32°47.691′,W:105°35.659′)中睡眠草感染无性内生真菌 *Neotyphodium funkii*[128](在科罗拉多州一个种群中发现并命名这种内生真菌)。*Neotyphodium funkii* 也是杂交起源,但是与 Clouldcroft 种群中睡眠草感染的内生真菌具有不同的起源,Weed 种群感染的内生真菌产裸麦角碱、麦角碱、吲哚双萜生物碱、伯胺和萜类化合物(terpendoles)。

Weed 种群和 Cloudcroft 种群所处的生境有所不同(图7-1),虽然这两个种群都分布于北美黄松-草原生态系统,但与 Cloudcroft 种群(海拔2 591 m,平均年降水量为770 mm)相比,Weed 种群具有相对较低的海拔(2 265 m)和较低的降水量(平均年降水量为518 mm),并且有相对较多裸地。Weed 种群中睡眠草植株比 Cloudcroft 种群的睡眠草植株体积小,这是对贫瘠生长环境的响应[57]。

7.1.2　实验方法

本书实验通过在人工培养箱内控制水分条件,研究内生真菌感染、内生真菌种类与植物基因型在不同环境条件下对宿主植物生长、生物量和萎蔫时间的影响。实验所用睡眠草种子分别采自 Cloudcroft 和 Weed 种群,并在 Flagstaff 实验样地进行培育,2010年从 Flagstaff 实验样地采集睡眠草种子并储存在-20 ℃冰箱中。实验开始前通过水浴处理(55 ℃水浴35 min)的方

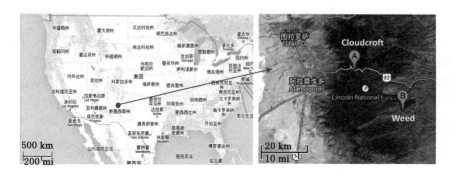

图 7-1　美国新墨西哥州两个不同睡眠草种群所在位置

A——Cloudcroft；B——Weed

法获得不染菌的睡眠草种子。

2013 年 3 月 27 日,将睡眠草种子播种在 300 mL 的盆中并浇水使其萌发,所用土壤是盆栽土(Garden Pro Company,Milford,Delawere,USA)。花盆放置于培养箱内,温度为 25 ℃/15 ℃(day/night),16 h 的光周期,光合有效辐射为 400 μmol/(m^2 · s)(PAR)。三周后进行间苗,选择相对均一的睡眠草幼苗进行实验,总共 120 盆。本书实验选择 60 个来自 Cloudcroft(30E＋和 30E－)的植株以及 60 个来自 Weed(30E＋和 30E－)的植株。2013 年 4 月 1 号开始水分处理。随机摆放来自不同种群下的睡眠草,两个水分处理分别是:高水组(HW:一周三次,每次 80 mL),低水组(LW:一周一次,每次 40 mL)。在实验末期通过免疫印迹法(Agrinostics,GA,USA)检测植株的染菌状态,但因为内生真菌在睡眠草中生长较慢,所以,对于一些睡眠草不能在较早的时候就检测出来是否染菌。因此,本书实验还采用植物/内生真菌 DNA 提取的方法(Zymo Research)检测 12 株睡眠草的染菌状况,因为这 12 株植物通过免疫检测得到的结果与实际来自种群的种子染菌状况不符,因此进一步采用这一方法来确定其最终染菌状况。本书实验使用实时荧光定量 PCR 仪器(Applied Biosystems)以及 Power SYBR Green PCR Master Mix,引物 IS-NS-5'(GAG CGT ATG AGT GTC TAC TTC AA)和引物 TUB-2W-3'(反向 GTT GTT GCC AGA AGC CTG TCA C)[132]。PCR 运行过程:95 ℃ 10 min,40 个循环(95 ℃,15 s;58 ℃,1 min),熔解曲线阶段(95 ℃,15 s;58 ℃,1 min,逐渐加温至 95 ℃,15 s)。本实验末期,通过 PCR 的方法确定每一株植物的染菌状态。

植物生长 8 周后,记录睡眠草的株高和叶片数。为测试睡眠草对干旱胁迫的响应,2013 年 5 月 30 日停止对植株浇水,当每盆植株的叶片全部出现萎蔫现象时记录萎蔫时间,然后将植株刈割至土壤表面之上 2 cm,并将地上部分放于 65 ℃的烘箱,烘干后称重。复水使植株再生长,两周后继续进行水分处理,第 25 周时收获睡眠草的地上和地下生物量。

7.1.3　数据处理

所有数据应用 SYATAT 13.0 统计软件进行方差分析,并用 Tukey 检验($P<0.05$)进行结果的比较。

7.2　实验结果与分析

7.2.1　植物生长

由表 7-1 可知,开始水分处理后,植物在生长第 8 周的时候,本书实验测得种群因素显著影响睡眠草的各个生长指标。水分处理显著影响植物的叶宽,而内生真菌睡眠草的叶长存在显著影响。Cloudcroft 种群的各个生长指标都显著高于 Weed 种群的植株[表 7-1 和图 7-2(a)、(b)、(c)、(d)]。

表 7-1　各种群中不同水分处理下的睡眠草生长指标在 8 周时的方差分析

源	df	株高		叶片数		叶长		叶宽		分蘖数	
		F	P	F	P	F	P	F	P	F	P
种群	1	22.03	<0.01	25.788	<0.01	22.809	<0.01	15.521	<0.01	6.080	0.015
水分	1	0.96	0.329	0.303	0.583	1.739	0.190	6.314	0.013	0.186	0.667
水分×种群	1	0.29	0.589	0.004	0.953	0.556	0.458	1.341	0.250	0.000	0.991
内生真菌(种群)	2	2.55	0.083	0.311	0.733	3.460	0.035	0.934	0.396	0.432	0.651
水分×内生真菌(种群)	2	0.31	0.736	1.906	0.154	0.366	0.694	0.616	0.542	0.106	0.900
误差	106										

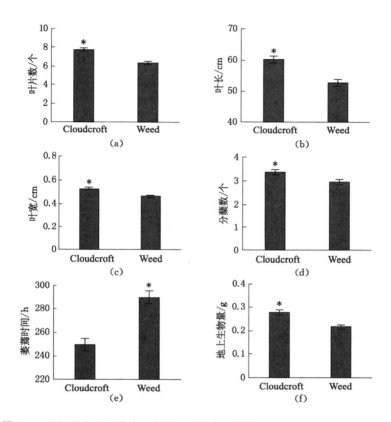

图 7-2 两种群中睡眠草在 8 周时生长指标,萎蔫时间和地上生物量的比较

  Weed 种群中染菌植株的叶长仅仅在高水分处理下显著高于不染菌植株。内生真菌感染的种类在第八周仅仅影响植株的叶长(表 7-1)。然而,这个影响在两个种群中还不一致。Cloudcroft 种群中,E＋和 E－植株的叶长差异不显著($P>0.05$)。尽管 Weed 种群的植株整体上叶长都比 Cloudcroft 种群的植株叶长小,但在 Weed 种群的 E＋的叶长(平均值＝56.66±2.35 cm)显著高于 E－植株(平均值＝49.77±2.10 cm)。

7.2.2 萎蔫时间和前期生物量

  由表 7-2 可知,种群和水分处理对前期地上生物量和萎蔫时间都有显著的影响,在第八周测得 Cloudcroft 种群的植株地上生物量显著高于 Weed

种群的植株(图 7-2)。内生真菌感染对睡眠草的萎蔫时间有显著影响(表 7-2)。Weed 种群的植株萎蔫时间(290.9±45.7 h)显著高于 Cloudcroft 种群的植株萎蔫时间(249.9±41.7 h)[图 7-2(e)]。高水分处理下两个种群中睡眠草的萎蔫时间都高于低水组的睡眠草,对于 Weed 种群,两种水分处理下都是 E—的萎蔫时间高于 E+的萎蔫时间;对于 Cloudcroft 种群,高水分处理下 E—的萎蔫时间显著高于 E+植株,但低水分处理下,萎蔫时间差异不显著(图 7-3)。

表 7-2 各种群中不同水分处理下的睡眠草在
8 周时萎蔫时间和地上生物量的方差分析

源	df	萎蔫时间		地上生物量	
		F	P	F	P
种群	1	30.203	**<0.01**	17.679	**<0.01**
水分	1	21.350	**<0.01**	7.695	**<0.01**
水分×种群	1	0.320	0.573	0.642	0.425
内生真菌(种群)	2	4.530	**0.013**	0.720	0.489
水分×内生真菌(种群)	2	1.272	0.285	0.048	0.953
误差	106				

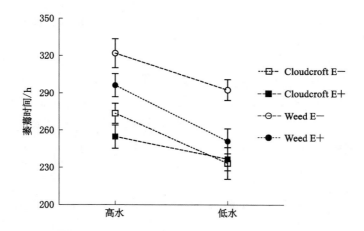

图 7-3 不同水分处理下各个种群染菌与未染菌睡眠草的萎蔫时间

7.2.3 生物量分配

在第 25 周时,收获植物的地上与地下部分,种群因素对睡眠草的地上、地下生物量和总生物量有显著影响,水分处理也对植株的生物量分配存在显著影响,但内生真菌感染却没有对睡眠草的生物量分配表现出影响(表 7-3)。与第八周的结果相似,Cloudcroft 种群睡眠草的地上、地下生物量以及总生物量都显著高于 Weed 种群的植株(图 7-4)。因为上述分析表明植物基因型的影响更大,而内生真菌的影响较弱,本书比较两个种群中 E— 的差异。这个分析能排除其他相互作用的因素,更直接表明植物基因型或者种群的影响。本书实验发现种群对于地上生物量、地下生物量、总生物量都有显著影响,对根茎比没有影响。

表 7-3   各种群中不同水分处理下的睡眠草在
25 周时再生长生物量分配的方差分析

源	df	地上生物量		地下生物量		根茎比		总生物量	
		F	P	F	P	F	P	F	P
种群	1	17.584	<0.01	7.997	<0.01	0.062	0.804	14.468	<0.01
水分	1	19.011	<0.01	29.754	<0.01	76.552	<0.01	22.702	<0.01
水分×种群	1	0.091	0.763	0.001	0.979	0.155	0.694	0.040	0.842
内生真菌(种群)	2	1.707	0.187	1.029	0.362	1.048	0.355	1.466	0.236
水分×内生真菌(种群)	2	0.007	0.993	0.118	0.889	0.872	0.421	0.010	0.990
误差	91								

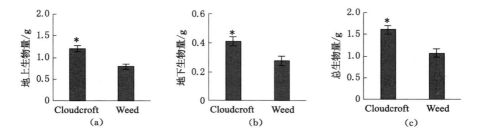

图 7-4 Cloudcroft 和 Weed 种群睡眠草再生长生物量分配的比较

7.3 讨论

在许多栽培禾草和一些天然禾草中，*Neotyphodium* 内生真菌感染能改变植物的生长与繁殖，并且通常具有正效应[14,125,133,134]。然而，一些近期的研究表明，栽培禾草和天然禾草中感染的内生真菌，对宿主的影响结果常常受到内生真菌种类和宿主植物基因型以及环境因子的影响[30,39,135-137]。一些关于美国西南部的天然禾草亚利桑那羊茅的研究发现[81]，内生真菌种类很大程度上影响植株的生理生态特性，甚至这种影响大于感染状态（是否染菌）的作用。考虑到两个种群间内生真菌具有较大的遗传分化（不同的 *Neotyphodium* 种类，而不是简单地相同物种不同基因型）和不相似的化学产物，本书预测内生真菌的染菌状态和内生真菌的种类对宿主的生长有显著的影响。然而，本书研究发现内生真菌的染菌状态和内生真菌种类对植物生长的影响较弱，并且与重要环境因子如有效水分的相互作用在两个种群中都没有影响宿主的生长。

相反，在本书实验所测的指标中，结果表明不同生境的种群差异，高于内生真菌染菌状态和内生真菌种类对植物生长的影响。较少研究考虑到宿主植物种群的变化比内生真菌感染对宿主具有更重要的作用。这些研究发现可能是不同生境下栽培禾草与天然禾草的基因型会调控内生真菌感染的作用。例如，Cheplick[31] 和 Hesse 等[138]发现栽培禾草（黑麦草）和天然禾草很大程度上取决于植物种类以及宿主植物基因型与内生真菌的结合。Wali 等在牛尾草（*Schedonorus pratensis*）的研究中发现 *Neotyphodium* 内生真菌感染对宿主的优势随着土壤养分而变化[139]。与这些研究不同的是，本书研究没有发现宿主植物基因型与有效水分之间的相互作用具有显著影响的结果。

许多研究已经报道栽培禾草[30,39,87,140]与天然禾草[123-125]中内生真菌能提高植株的抗旱性和再生长能力。在这些研究中，内生真菌感染通常降低萎蔫时间并增强叶片的卷曲，这与干旱后恢复期促进植物生长与生物量有关[7]。叶片卷曲的增加以及萎蔫时间的减少可能保护叶鞘中的持水性，因而在干旱至死的条件下可以保护内部的生长区域[39]。其他关于内生真菌调节的抗旱机制很可能是由于降低气孔导度，提高水分利用效率以及增强渗透调节[7]。

在 Weed 种群中,内生真菌感染在低水和高水处理下都降低萎蔫时间,但在 Cloudcroft 种群中,内生真菌感染只在高水处理下降低萎蔫时间。这再次表明宿主植物基因型对萎蔫时间的显著影响与每个种群相关。总体来看,在两种水分处理下 Weed 种群植株萎蔫时间都高于 Cloudcroft 种群。

与一些禾草-内生真菌相互作用的报道不同[7,38,100],但除了(e. g.,Oberhofer 等[135]),本书实验也没有发现内生真菌的染菌状态或者种类在干旱处理后增强地上或地下生物量和根茎分配差异。与已报道的黑麦草再生长的研究相比[87],本书实验也没有发现植物种群(基因型)或者内生真菌种类与环境因子之间的相互作用。然而,宿主植物基因型对再生长和最终的地上和地下生物量都有显著影响。通过只分析 E-植株的地上和地下生物量,也能再次证明这些植物基因型对生长的显著影响。因此,本书实验排除内生真菌感染以及与内生真菌感染的任何相互作用产生的影响。

这些植物种群一致和重要的影响结果表明,虽然两个种群相距仅 22 km,但各个种群的睡眠草已分别进化形成不同的基因型。两个种群的原生境差异主要是由海拔高度引起的水分差异,本书实验中,考虑到来自 Weed 种群的宿主植物所在的原生境水分含量相对较低,可能使得植株本身具有更适应干旱环境的特性,这种特性被宿主植物遗传下来,导致 Weed 种群的植株在低水处理下萎蔫时间更长,因此,在相对较干旱的条件下,该种群中植物叶片具有更长的萎蔫周期,进而容易适应干旱环境。然而,来自 Cloudcroft 种群的睡眠草所处原生境高水含量相对较高,宿主植物体现出的抗旱性能力较弱,这与本书实验结果一致,在低水处理下,Cloudcroft 种群的睡眠草植株萎蔫时间更短,抗旱能力低于 Weed 种群的睡眠草。因此,种群所处的原生境对睡眠草抗旱特性的影响可能会被遗传下来,使得该种群中的后代植株具有不同的抗旱性,体现了种群差异与宿主遗传背景差异的一致性。

本书研究注意到因为无性 Neotyphodium 内生真菌被认为是仅进行垂直传播[135],所以在内生真菌种类和母本植物基因型之间具有很高的专一性(fidelity)。因此,尽管本书实验发现植物种群具有显著的影响,但这些影响也不可能完全与内生真菌感染分离开,因为在各个种群中,母本植物基因型和内生真菌感染紧密相连。本书研究没有检测每个种群中自然条件下不染菌植物的基因型,因为这些一般在自然条件下很少[57]。

　　本书实验也考虑到除有效水分外的其他因子也可能造成种群之间的差异,并与不同内生真菌有关。例如,Cloudcroft 种群中染菌的睡眠草植株对食草动物的毒性和麻醉作用是因为其较高的麦角碱水平[82,83]。Cloudcroft 种群睡眠草感染的内生真菌是一个新的种类,能产生三种麦角生物碱和伯胺,一种吲哚双萜生物碱。Weed 种群的内生真菌,被认定为 *E. funkii*,它具有产生伯胺,麦角碱和吲哚双萜的基因,并产生一种麦角碱和几种吲哚双萜生物碱。因此,草食胁迫和产生富含氮的生物碱的耗损差异能够解释每个种群染菌植株的存在原因[129]。本书研究也注意到该实验仅在培养箱里进行,测试土壤有效水分一个因子,这可能与其他的非生物因子的控制,例如土壤氮含量,以及在啃食存在情况下的田间条件测得的结果会有不同。本书实验结果认为,对天然禾草生长与干旱的响应结果中,植物基因型在种群间的差异可能大于内生真菌感染与内生真菌种类的作用。

不同水分和养分条件下内生真菌种类与宿主基因型对亚利桑那羊茅的影响

　　本书研究通过人工转接的方法获得感染杂交与非杂交内生真菌的亚利桑那羊茅,研究宿主植物对不同水分和养分的响应。为区别开内生真菌感染来自植物的响应,本书实验也比较感染内生真菌(H＋和NH＋)的植株和通过实验手段去除内生真菌(H－和NH－)的植株。并通过转接的方法建立九种不同的共生体组合(H×H,H×NH,H×E－,NH×H,NH×NH,NH×E－,E－×H,E－×NH,E－×E－)。每个宿主植物通过人工转接的方法转入内生真菌,这让本书研究区别出来宿主植物基因型和内生真菌种类在不同的环境条件下对植物生长的影响[7]。本书特别提出以下问题:

　　(1)内生真菌种类是否对植物生长具有显著的影响;

　　(2)植物基因型在不同的处理下是否具有不同的作用;

　　(3)不同宿主与内生真菌的结合是否具有协同适应。

8.1 实验材料与方法

8.1.1 实验材料

亚利桑那羊茅(*Festuca arizonica* Vasey)是禾本科羊茅属中的一种多年生草本植物,是北美黄松-丛生禾草群落草本层的优势种,主要分布在美国亚利桑那州、内华达州和科罗拉多州。通常感染杂交型和非杂交型 *Neotyphodium* 内生真菌。无性的 *Neotyphodium* 属包含杂交型和非杂交型两类。非杂交内生真菌是单倍体,从遗传角度上类似于有性型 *Epichloë*,且来源于 *Epichloë*[112]。杂交型内生真菌是异倍体(不完全的多倍体),并且推测可能由不同的 *Epichloë* 和 *Neotyphodium* 种类感染同一个宿主而形成[141]。初期研究结果发现亚利桑那羊茅(*Festuca arizonica*)的个体种群中宿主植物主要被杂交型或者非杂交型 *Neotyphodium* 内生真菌感染[84,142]。冷季型禾草中大约有三分之二感染的内生真菌是杂交起源[141]。与此相反的是,亚利桑那羊茅中主要感染的是非杂交型内生真菌。亚利桑那羊茅种群的染菌组成通常为:55% NH+,15% H+以及 30%不染菌植株(E−)[68,69]。实验所用亚利桑那羊茅的种子采自美国亚利桑那州 Flagstaff 实验样地(N:35°11′57″,W:111°37′52″,海拔 2 106 m,平均年降雨量为 555 mm),储存在−20 ℃冰箱中备用。

8.1.2 人工转接实验

选择 3 个不同植物基因型(H,NH,E−)总共 300 粒种子,将种子浸泡在水中大约 5 min 去内稃。每个植物基因型 50 粒转接杂交型内生真菌(H),另 50 粒转接非杂交内生真菌(NH)。在转接实验前,在显微镜下通过孟加拉红染色法检测确认没有感染内生真菌。种子表面灭菌后放置在 PDA 培养基上,每个培养皿中 5 个,置于 22 ℃培养箱内(光照与黑暗 12 h/12 h)。本书实验采用两种转接处理的方法,一种是菌丝处理,具体方法是将种子的一端贴近菌丝放置,一周后重新将种子或幼苗放置到新的培养基中,这是防止菌丝将种子覆盖。待种子都长出根后,移植到土壤中。另一种是胚芽鞘转接,将内生真菌菌丝用无菌针在显微镜下扎入刚发芽的亚利桑那羊茅的胚芽鞘中,确保不被扎穿,然后放入培养基中培养。每种转接处理得到的成活幼苗在至少1周后转入土壤中让其生长。

8.1.3 温室实验

转接后,本书实验得到以下9种植物与内生真菌共生体的组合(H×H,H×NH,H×E−,NH×H,NH×NH,NH×E−,E−×H,E−×NH,E−×E−),2013年5月在温室中培养这些亚利桑那羊茅。2013年10月,扩繁所有植株到3 dL的花盆中,每盆中每个植物基因型选取大小相似的3个分蘖,移苗后全部植株剪齐留10 cm的植株高度,用于三周后的水分和养分处理实验。土壤为Metro mix-360 Sun Gro Horticulture Canada L td.。温室在自然光照下设置温度为夜晚20 ℃,白天25 ℃。

2014年3月之前,每种内生真菌与植物基因型的组合都设置两种处理,高水分高养分和低水分低养分。每组重复数为11～20株。对于低养分组,处理的4个月内,只在实验开始时施肥一次,而高养分组两周施肥一次[20：20：20(N：P：K)]。最终用于实验的总共151盆。高水分和低水分组都是每周浇水两次,但高水分组的每次浇水量是低水分组的两倍。参考已报道的亚利桑那温室实验和田间实验中所用的浇水量[53]。每周对全部植株的位置随机换一次。四个月后,收获所有的植株,并记录分蘖数、植物鲜重、地上地下生物量,并通过免疫印迹法再次检测植株的染菌状态(Phytoscreen Immunoblot Kit ♯ENDO7973;Agrostics,Watkinsville,GA,USA)。

8.1.4 数据分析

所有数据应用SPSS13.0软件和SYATAT 13.0进行统计,采用方差分析,Tukey检验($P<0.05$)进行结果的比较分析。

8.2 结果与分析

8.2.1 效应影响

由表8-1可知,宿主植物基因型显著影响亚利桑那羊茅的株高、分蘖数、

天然禾草与内生真菌共生关系的研究

地上生物量、地下生物量、根茎比以及总生物量。内生真菌种类显著影响亚利桑那羊茅的株高、分蘖数、地上生物量、根茎比和总生物量。水分和养分处理对亚利桑那羊茅的各个指标均有显著的影响。宿主植物基因型与内生真菌种类的相互作用对亚利桑那羊茅的各生长指标都存在显著的影响。植物基因型与水分处理的相互作用只显著影响亚利桑那羊茅的分蘖数。内生真菌种类与水分和养分处理的相互作用仅仅显著影响亚利桑那羊茅的根茎比。植物基因型、内生真菌、水分和养分处理三者的相互作用显著影响亚利桑那羊茅的分蘖数，地上和地下生物量，根茎比以及总生物量。

表 8-1　　　　内生真菌种类与宿主植物基因型在不同水分养分处理下对亚利桑那羊茅生长指标影响的方差分析

	df	株高		鲜重		分蘖数	
		F	P	F	P	F	P
植物基因型（P）	2	44.673	<0.01	0.757	0.471	12.980	<0.01
内生真菌种类（E）	2	3.698	**0.028**	1.335	0.267	3.464	**0.034**
处理（T）	1	52.145	<0.01	547.960	<0.01	619.167	<0.01
P×E	4	6.305	<0.01	3.244	**0.014**	7.832	<0.01
P×T	2	0.487	0.616	1.678	0.191	5.199	<0.01
E×T	2	0.188	0.829	0.472	0.625	1.313	0.273
P×E×T	4	0.692	0.599	1.769	0.140	3.885	<0.01
误差	120						

	地上生物量		地下生物量		根茎比		总生物量	
	F	P	F	P	F	P	F	P
植物基因型（P）	4.677	**0.011**	8.061	<0.01	4.076	**0.019**	5.034	<0.01
内生真菌种类（E）	5.737	<0.01	0.868	0.422	7.628	<0.01	3.444	**0.035**
处理（T）	900.468	<0.01	241.183	<0.01	228.695	<0.01	639.719	<0.01
P×E	6.677	<0.01	7.342	<0.01	18.636	<0.01	5.288	<0.01
P×T	2.191	0.116	2.421	0.093	1.965	0.145	0.470	0.626
E×T	1.707	0.186	2.245	0.110	9.705	<0.01	1.551	0.216
P×E×T	3.498	<0.01	2.649	**0.037**	6.362	<0.01	2.659	**0.036**
误差								

8.2.2 植物生长

由图 8-1 可知,在低水分低养分的处理下,当内生真菌种类为 H 时,宿主植物基因型为 E－和 NH 的植株株高都显著高于植物基因型为 H 的植株株高;当内生真菌种类为 NH 时,不同宿主植物基因型的植株株高没有显著差异;当内生真菌种类为 E－时,植物基因型为 E－的株高显著高于植物基因型 H 的植株株高。当宿主植物基因型为 H 时,感染 NH 内生真菌的株高显著高于感染 H 和 E－的株高;当宿主植物基因型为 NH,以及当宿主植物基因型为 E－时,不同内生真菌种类对亚利桑那羊茅的株高没有显著影响。在高水分高养分的处理下,不论宿主植物基因型为 E－、NH 或 H,不同内生真菌种类对植株株高都没有显著影响。当内生真菌种类为 H 时,宿主植物基因型为 NH 和 E－的植株株高都显著高于植物基因型 H 的株高;当内生真菌种类为 NH 时,植物基因型 E－的株高显著高于植物基因型为 NH 的植株株高;当内生真菌种类为 E－时,植物基因型为 NH 和 E－的植株株高都显著高于植物基因型 H 的株高。

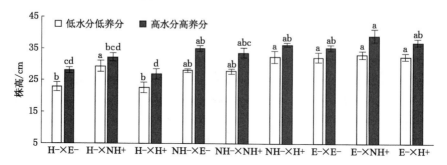

图 8-1　两种水分养分处理下亚利桑那羊茅的株高的比较

［注:不同字母代表每个处理下各组合间具有显著差异($P<0.05$),

横坐标中组合代表植物基因型×内生真菌种类］

E－——不染菌植株;H——杂交型内生真菌感染的植株;NH——非杂交型内生真菌感染的植株

由图 8-2 可知,在低水分低养分的处理下,当内生真菌种类为 H 时,植物基因型 H 和 E－的分蘖数都显著高于植物基因型 NH 的分蘖数;当内生真菌种类为 NH 时,植物基因型 H 和 NH 的分蘖数都显著高于植物基因型

E－的植株分蘖数；当内生真菌种类为 E－时，植物基因型对亚利桑那羊茅的分蘖数没有显著影响。当宿主植物基因型为 H 时，内生真菌种类对植株分蘖数没有显著影响；当宿主植物基因型为 NH 时，内生真菌种类为 NH 和 E－的植株分蘖数都显著高于内生真菌种类为 H 的分蘖数；当宿主植物基因型为 E－时，内生真菌种类为 H 和 E－的植株的分蘖数显著高于内生真菌种类为 NH 的分蘖数。在高水分高养分的处理下，当宿主植物基因型为 H 或者当宿主植物基因型为 NH 时，内生真菌种类对亚利桑那羊茅的分蘖数没有显著影响；当宿主植物基因型为 E－时，内生真菌种类为 H 和 E－的分蘖数显著高于内生真菌种类 NH 的植株分蘖数；当内生真菌种类为 H 时，植物基因型为 H 的分蘖数显著高于植物基因型为 NH 的分蘖数。当内生真菌种类为 NH 时，植物基因型为 H 的分蘖数显著高于植物基因型为 E－的分蘖数；当内生真菌种类为 E－时，不同植物基因型对分蘖数没有显著影响。

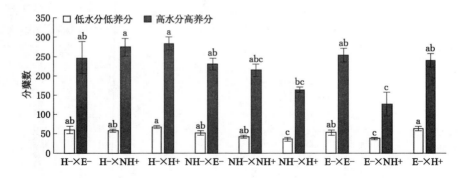

图 8-2　两种水分养分处理下亚利桑那羊茅的分蘖数的比较

8.2.3　生物量分配

由图 8-3 可知，在低水分低养分的处理下，不论内生真菌种类为 H、NH 或者 E－时，不同宿主植物基因型之间的植株鲜重都没有显著差异。当宿主植物基因型为 H 时，感染 H 内生真菌的植物鲜重分别显著高于感染 NH 和 E－的植物鲜重；当宿主植物基因型为 NH 或当宿主植物基因型为 E－时，不同内生真菌对植物鲜重没有显著影响。在高水分高养分的处理下，宿主植物基因型与内生真菌种类对植物的鲜重都没有显著的影响。

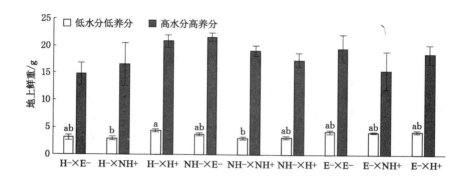

图 8-3 两种水分养分处理下亚利桑那羊茅的地上鲜重的比较

由图 8-4 可知,在低水分低养分的处理下,当内生真菌种类为 H 或者 NH 时,不同植物基因型对亚利桑那羊茅的地上生物量没有显著影响;当内生真菌种类为 E一时,植物基因型为 E一的地上生物量显著高于植物基因型为 H 的地上生物量。当宿主植物基因型为 H 时,内生真菌种类为 H 的地上生物量显著高于内生真菌种类为 E一的植株;当宿主植物基因型为 NH 或 E一时,不同植物基因型对亚利桑那羊茅的地上生物量没有显著影响。在高水分高养分的处理下,当宿主植物基因型为 H 时,内生真菌种类为 H 的地上生物量显著高于内生真菌种类为 E一的植株;当宿主植物基因型为 NH 时,内生真菌种类对植物的地上生物量没有显著影响;当宿主植物基因型为 E一时,内生真菌种类为 E一的地上生物量显著高于内生真菌种类为 NH 的地上生物量。当内生真菌种类为 H 或 NH 时,宿主植物基因型对亚利桑那羊茅的地上生物量都没有显著影响;当内生真菌种类为 E一时,宿主植物基因型为 NH 和 E一的地上生物量都显著高于植物基因型为 H 的植株。

由图 8-5 可知,在低水分低养分的处理下,当内生真菌种类为 H 时,植物基因型为 E一的地下生物量显著高于植物基因型为 H 的地下生物量;当内生真菌种类为 NH 或 E一时,植物基因型对亚利桑那羊茅的地下生物量没有显著影响。当宿主植物基因型为 H 或 NH 时,内生真菌种类对亚利桑那羊茅的地下生物量没有显著影响;当宿主植物基因型为 E一时,内生真菌种类为 E一的地下生物量显著高于内生真菌种类为 NH 的植株。在高水分高养分的处理下,当宿主植物基因型为 H 或 NH 时,内生真菌种类对亚利桑那羊茅

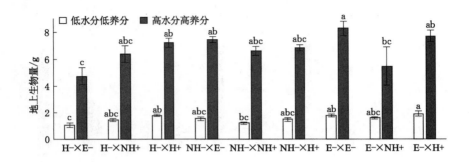

图 8-4　两种水分养分处理下亚利桑那羊茅的地上生物量的比较

的地下生物量没有显著影响；当宿主植物基因型为 E－时，内生真菌种类为
E－的地下生物量显著高于内生真菌种类为 NH 的植株。当内生真菌种类
为 H 时，植物基因型为 E－的植株地下生物量显著高于植物基因型为 NH
的植株；当内生真菌种类为 NH 时，植物基因型为 H 的地下生物量显著高于
植物基因型为 NH 的地下生物量；当内生真菌种类为 E－时，植物基因型对
植株的地下生物量没有显著影响。

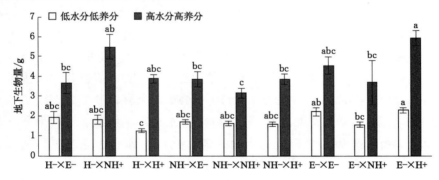

图 8-5　两种水分养分处理下亚利桑那羊茅的地下生物量的比较

　　由图 8-6 可知，在低水分低养分的处理下，当内生真菌种类为 H 时，植物
基因型 E－的根茎比显著高于植物基因型为 H 的植物根茎比；当内生真菌种
类为 NH 时，植物基因型对植株的根茎比没有显著影响；当内生真菌种类为
E－时，植物基因型为 H 的根茎比显著高于植物基因型为 NH 和 E－的根茎
比。当宿主植物基因型为 H 时，内生真菌种类对亚利桑那羊茅的根茎比存

在显著差异,且三者之间的关系为:E->NH>H。当宿主植物基因型为
NH 或 E-时,内生真菌种类对植株的根茎的影响没有显著差异。在高水分
高养分的处理下,当宿主植物基因型为 H 时,内生真菌种类为 NH 和 E-的
根茎比显著高于内生真菌种类为 H 的根茎比;当宿主植物基因型为 NH 时,
内生真菌种类对根茎比的影响没有显著差异;当宿主植物基因型为 E-时,
内生真菌种类为 H 的根茎比显著高于内生真菌种类为 E-的植株根茎比。
当内生真菌种类为 H 时,植物基因型为 E-的根茎比显著高于植物基因型为
H 和 NH 的根茎比;当内生真菌种类为 NH 时,植物基因型为 H 的根茎比显
著高于植物基因型为 NH 和 E-植株的根茎比;当内生真菌种类为 E-时,
植物基因型为 H 的根茎比显著高于植物基因型为 NH 的根茎比。

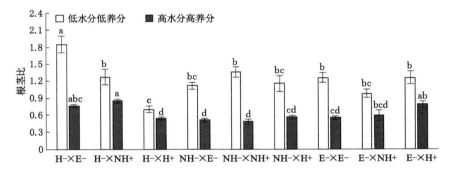

图 8-6   两种水分养分处理下亚利桑那羊茅的根茎比的比较

由图 8-7 可知,在低水分低养分的处理下,当内生真菌种类为 H 时,植物
基因型为 E-的总生物量显著高于植物基因型为 H 和 NH 的总生物量;当
内生真菌种类为 NH 或 E-时,植物基因型对亚利桑那羊茅的总生物量没有
显著的影响;当宿主植物基因型为 H、NH 或者 E-时,内生真菌种类对亚利
桑那羊茅的总生物量的影响没有显著差异。在高水分高养分的处理下,当宿
主植物基因型为 H 或 NH 时,内生真菌种类对亚利桑那羊茅的总生物量没
有显著的影响;当宿主植物基因型为 E-时,内生真菌种类为 E-的总生物量
显著高于内生真菌种类为 NH 的总生物量。当内生真菌种类为 H 或 NH
时,植物基因型对亚利桑那羊茅的总生物量没有显著的影响;当内生真菌种
类为 E-时,植物基因型为 E-的总生物量显著高于植物基因型为 H 的总生
物量。

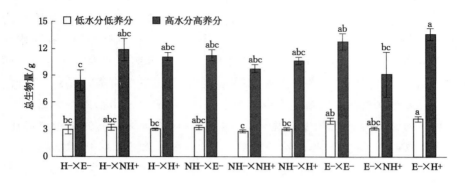

图 8-7　两种水分养分处理下亚利桑那羊茅的生物量比较

8.3 讨论

　　本书实验中通过对天然禾草进行人工转接,直接比较不同内生真菌种类与宿主植物基因型对共生体的影响。Oberhofer 等发现,转接不同种内生真菌到宿主植物中,得到的成功染菌率没有差异,因此不同种内生真菌在宿主中具有相同的兼容性[135]。本书实验的结果发现,内生真菌种类对共生体的生长具有不同的影响,并且这影响也与宿主植物基因型有关。已经有研究发现干旱条件下内生真菌能增强植物组织的渗透调节,这可能保护植物的顶端分生组织,并提高分蘖的存活率[113]。其中,在低水分低养分处理下,杂交型 *Neotyphodium* 内生真菌对宿主有促进作用,这取决于宿主植物的基因型。在低水分和低养分条件下,当宿主植物基因型为 NH,内生真菌种类为 NH 和 E−时,植株分蘖数都显著高于内生真菌种类为 H 的分蘖数。当宿主植物基因型为 E−时,内生真菌种类为 H 和 E−的植株的分蘖数显著高于内生真菌为 NH 的分蘖数。内生真菌为 NH＋和 H＋在不同基因型的宿主植物中都能促进宿主植物的生长,这与已有的文献报道结果一致[143,144]。然而,在不同的宿主植物中具体的影响也不尽相同。促进植物生长是由于内生真菌促使宿主产生植物生长激素所致[114]。这些植物激素可能影响细胞分裂,细胞伸长和植物内的资源分配。最近相关研究表明,染菌植株具有较多的分蘖数,这是由于在植物的地上部分,调节顶端优势的植物激素朝着增加腋芽的细胞分裂素的方向发展[145]。各类内生真菌间产生的植物激素类型和含量会有不同的变化[114]，还可能不同程度地改变细胞分裂素的含量，通过比较已有的研究结果，这也能用于解释天然禾草中内生真菌的作用机制。总体来说，内生真菌对宿主植物复杂多变的影响结果取决于植物的种类，特别要考虑宿主植物基因型和内生真菌的种类[49,53,87,146]。

本书实验的结果表明，植物基因型在不同的处理下具有不同的作用。许多研究已经表明内生真菌对禾草的影响还取决于环境条件和宿主植物基因型[31,50,138,144]。植物能对环境差异做出不同的响应，例如，通过资源分配的改变，以获得更好的生成策略来应对季节气候的改变。增加宿主对资源的有效利用性、食草性、抗病原菌和竞争等响应，这些都是特定有效基因与环境相互作用的结果。Cheplick 和 Cho 在另一项研究中发现在植物落叶期，内生真菌感染对多年生黑麦草的分蘖数和叶面积的影响取决于宿主植物的基因型。叶片质量，分蘖基部的质量和再生长后的比叶面积，都取决于植物基因型与内生真菌的相互作用[94]。在低水分低养分的处理下，当宿主植物基因型为 H 时，杂交型内生真菌能显著增加宿主植物的地上鲜重和地上生物量。在高水分高养分下，当宿主植物基因型为 NH 的时候，内生真菌种类对亚利桑那羊茅的各个指标均无显著影响。这些结果表明，内生真菌感染的宿主对水分和养分胁迫下，特别是地上和地下生物量的分配具有特殊的响应，并且这些结果还取决于不同环境条件下的宿主植物基因型。本书研究认为可能在水分和养分缺乏的环境条件下，杂交型内生真菌通过提高宿主对水分和养分的利用率，使植株具较多的地上、地下生物量和更强的生存能力，进而提高宿主的生态适应性[97]。

Sullivan 和 Faeth 发现，在低水分和低养分的环境下，H＋宿主比 NH＋宿主具有更高的体积和质量的比[68]。这与本书实验结果类似，在低水分和低养分条件下，植物基因型×内生真菌种类的组合 H×H 的分蘖数显著高于 NH×H 的分蘖数，并且 H×E－的根茎比显著高于 NH×E－，H＋植株植物构型的改变可能是在环境胁迫较少的情况下对植物密度的响应，在资源利用方面，H＋植株很可能比 NH＋植株具有更强的种内和种间竞争[68]。在低水分和低养分条件下，植物基因型×内生真菌种类的组合 H×H 的分蘖数显著高于 NH×H 的分蘖数，并且 H×E－的根茎比显著高于 NH×E－（只有株高的变化与此相反，表现为 HN×H 的株高显著高于 H×H），这表明在水分和养分短缺的环境下,内生真菌的杂交使得共生体转变为互利共生关系,并增强宿主在胁迫环境下的适应性。由此本书推测,内生真菌杂交使得内生真菌植物的相互作用朝着互利共生方向发展,从而能增强宿主在新生境的局部适应性。

9

综合讨论与主要结论

9.1 综合讨论

9.1.1 原生生境对天然禾草-内生真菌生长和光合特征的影响

近年来关于原生生境对天然禾草-内生真菌生长和光合特性研究较少，林枫等对羽茅在不同地理种群的原位观察中也发现，在其中的羊草样地和西乌旗样地中E＋羽茅植株的净光合速率显著高于E－羽茅，而在霍林河样地中二者的差异则不显著，3个样地中 *Neotyphodium* 内生真菌对宿主羽茅的蒸腾速率、气孔导度、光能利用效率、水分利用效率均无显著影响[72]。本书实验结果表明，内生真菌感染对海拉尔生长初期的羽茅水分利用效率有显著的促进作用，但对定位站生长后期的羽茅水分利用效率有显著影响，而且内生真菌感染对海拉尔生长初期的羽茅株高的变化有显著的正效应，并显著提高了海拉尔羽茅在6月和8月的羽茅比叶重，但对定位站的羽茅却没有显著的影响。

光合作用是植物体内重要的代谢过程，光合作用的大小对植物生长发育有重要影响，随着羽茅生长季的变化，内生真菌对羽茅光合作用以及光合氮利用效率的影响也发生改变，并且不同地理种群之间，这种改变也不尽相同。

郑淑霞等通过研究不同功能型植物在 3 个地区的光合特征参数与叶片性状参数的比较,发现草本植物的 PNUE 明显高于乔木和灌木,而且这 3 个地区乔木、灌木和草本植物的 PNUE 变化并不一致,他们认为 PNUE 的大小取决于 P_{max} 与 N_{mass} 的相对变化,任何影响 P_{max} 和 N_{mass} 的因素都将引起 PNUE 的变化[147]。已有研究表明,不同的物种[148]或同一物种在不同的生长条件下,其 PNUE 有着显著的差异。本书研究发现处于生长初期的海拉尔 E＋羽茅的 PNUE 显著高于 E－的 PNUE,定位站的植株则相反;在羽茅生长中期阶段,两个地理种群羽茅的 PNUE 的变化相同,均是 E－植株的 PNUE 显著高于 E＋植株;但在羽茅生长后期,定位站 E＋羽茅的 PNUE 显著高于 E－,这与前两个月的结果相反,而海拉尔 E－的 PNUE 仍然显著高于 E＋。

上述结果可能是由于宿主羽茅的原始生境不同而造成的差异,定位站种群的年均温和海拔都高于海拉尔,而且本书研究中的田间栽培地与定位站的自然条件差异比与海拉尔的差异小,海拉尔的羽茅在人工模拟自然条件下,内生真菌表现出显著的贡献,而定位站的羽茅与内生真菌的共生关系没有表现出显著差异。

9.1.2　宿主植物基因型对羽茅-内生真菌共生体的影响

在自然种群中,宿主植物基因型的变化更大,更可能影响植物的生长和生理指标。最近关于内生真菌的研究表明,研究栽培禾草与内生真菌之间的相互作用时不能包含自然种群和群落中植物固有的变异性。Siegel 和 Bush 发现不同植物基因型或不同宿主种类中的内生真菌产生不同的生物碱,他们也认为植物基因型影响生物碱的水平[45]。Cheplick 研究发现,在干旱胁迫和恢复后,内生真菌感染对宿主黑麦草没有正效应,显著降低了植株的分蘖数,黑麦草的基因型是影响植株生长的主要原因,而非内生真菌感染[87]。本书研究结果发现内生真菌感染对定位站 3 个羽茅个体的株高、叶片数、分蘖数以及各叶绿素指标的影响与羽茅的基因型有关,这与 Cheplick 的结果类似,同时本书实验还发现羽茅所处的不同生长阶段也是影响羽茅-内生真菌相互作用的一个重要因素。

Faeth 等在一个长期的田间试验中,探究了感染内生真菌的亚利桑那羊茅中波胺的产量究竟是受内生真菌类型、植物基因型还是环境因子影响,最后研究结果表明在种群水平,内生真菌感染是影响亚利桑那羊茅波胺产量的主要原因,这一指标也与植物基因型的背景有关,而与内生真菌的类型和环境因子无关[149]。为了探究植物基因型对共生体的影响,本书从光合特性方面进行了研究,结果表明内生真菌感染对羽茅光合生理的影响不仅与羽茅的生长阶段有关,而且与宿主植物的不同基因型密切相关,首先从净光合速率来看,内生真菌在 7 月只对 D2 植株有显著的正效应,在 8 月仅仅对 D3 植株表现出显著的影响。从蒸腾速率来看,内生真菌感染在 7 月对 D2 植株和在 8 月对 D3 植株表现为正效应,而对 D3 植株在 7 月则表现为负效应,高蒸腾速率使叶片局部温度不至于太高而导致叶片受到灼伤,这种蒸腾作用机制有利于在高温下进行光合作用,使叶片的光合作用在高温下得以进行,能有效缓解高温胁迫[150]。感染 *Neotyphodium gansuence* 的不同羽茅个体之间除了蒸腾速率有显著差异外,其他光合生理指标均无显著差异,其中,K1 的蒸腾速率显著高于 K5,这表明 *Neotyphodium gansuence* 对羽茅蒸腾速率的影响受宿主基因型的影响。从气孔导度来看,杜永吉等研究结果表明高羊茅各品种染菌与非染菌植株 G_s 的日变化趋势均表现为先迅速升高,上午九点时达到最高峰,然后逐渐降低,中午十二点到下午一点降到谷值,出现"休眠",而后整体呈现缓慢升高的趋势[151]。本书研究发现 7 月内生真菌显著提高了 D2 植株的气孔导度,而 8 月内生真菌对 D3 植株的气孔导度有显著的正效应,G_s 的增加减小了 CO_2 的传导阻力,增加了光合作用原料的供应,从而增加了 CO_2 同化率;8 月内生真菌对 D5 的气孔导度表现为负效应,这可能是因为在炎热夏季,染菌植株 D5 较低的气孔导度,使叶片气孔开度减至最小,以减少和防止水分的散失,是一种积极的生态适应以及对炎热气候进行负反馈调节机制的体现。Marks 和 Clay[37] 对 E+和 E-高羊茅进行对比研究后认为,造成气孔导度差异的原因可能是染菌导致了宿主植物解剖学或形态学上的变化,包括气孔密度和叶卷曲的变化。本书实验结果表明 *Neotyphodium sibiricum* 对羽茅气孔导度的影响与宿主植物的基因型密切相关。内生真菌感染对不同羽茅个体影响的差异也可能由于羽茅种子基因型的多样性,使得长成的羽茅植株的基因型与感染的 *Neotyphodium* 内生真菌的共生关系也不确定。

9.1.3　不同种内生真菌对羽茅-内生真菌共生体的影响

Morse 等在亚利桑那羊茅中的研究发现,内生真菌的基因型是影响植物生长、生物量以及生理指标的重要因素[81]。本书实验结果表明,温室栽培实验中染菌植株的蒸腾速率显著高于非染菌植株,而且感染 *Neotyphodium sibiricum* 羽茅的气孔导度显著高于未染菌植株。染菌羽茅具有较低的 CO_2 补偿点和较高的 CO_2 饱和点,说明染菌羽茅对 CO_2 环境的适应性较强,它比未染菌植株具有更高的 CO_2 利用效率,但对于感染 *Neotyphodium sibiricum* 和 *Neotyphodium gansuence* 的羽茅而言,光合生理值以及对 CO_2 的利用效率均无显著差异,而且感染这两种内生真菌的羽茅在形态变化、比叶重、生物量、叶绿素含量、叶片氮含量以及光合氮利用效率指标上也不存在明显的差异。可见,感染同属不同种内生真菌对羽茅的影响并没有显著的差异。这与 Morse 等的研究结果不同,可能是本书研究仅用了同一地理种群的两个内生真菌基因型,并且这两种内生真菌差异较小造成。可以推测,对于内生真菌基因型,可能在无性传播和有性传播的内生真菌基因型之间差异性会更大,关于不同种内生真菌基因型对羽茅的影响还有待进一步研究。

9.1.4　宿主基因型对禾草-内生真菌共生关系的影响

天然禾草具有很高的遗传多样性[152],所以自然种群中的禾草-内生真菌之间的关系更为复杂且具有不稳定性,宿主基因型也是影响禾草-内生真菌共生关系的重要因素。Cheplick 研究内生真菌、宿主基因型以及二者相互作用对黑麦草的生长、储藏特性以及落叶后再生长的影响,结果表明内生真菌感染对黑麦草的分蘖数、叶面积和非结构性碳水化合物的影响主要取决于宿主的基因型[87]。关于宿主基因型对禾草-内生真菌共生关系的影响,本书研究主要从宿主植物的三个不同层面进行探讨。

首先,本书实验研究同一属的不同宿主植物对天然禾草-内生真菌共生关系的生理生态影响。羽茅和睡眠草虽然都属于芨芨草属,但其分布地理跨度较大。已有研究表明,感染内生真菌对宿主植物株高和 CO_2 补偿点显著低于未染菌的羽茅,而染菌羽茅的蒸腾速率和气孔导度显著高于未染菌羽茅[73]。蒸腾速率较高能降低叶片局部温度,这种蒸腾作用机制有利于在高温下进行光合作用,使叶片的光合作用在高温下得以进行,有效缓解高温胁迫[150]。Marks 和 Clay 对染菌与未染菌的高羊茅进行对比研究后认为,造成气孔导度差异的原因可能是染菌导致宿主植物解剖学或形态学上的变化,包括气孔密度和叶卷曲的变化[37]。而关于睡眠草的研究大多数集中在其感染的内生真菌产生生物碱方面,它可能产生四种不同类型的生物碱,每种生物碱不同的生物活性可以使得宿主具有抗脊椎动物或者脊椎动物的啃食[76,78],关于内生真菌感染对睡眠草的生理生态学影响较少。本书实验发现,来自 Weed 种群的染菌睡眠草的叶长显著高于不染菌植株;自然条件下染菌羽茅株高,叶片数都显著高于不染菌羽茅。同一属的这两个不同种的天然禾草中,内生真菌对宿主生长都表现出一些促进作用。这可能是内生真菌通过影响宿主植物的物质代谢并产生生理活性物质来改变植株的生理特性,提高植物的抗逆性,刺激植物生长[153]。

其次,本书实验研究同一宿主的不同生境种群对天然禾草-内生真菌共生关系的生理生态影响。林枫等对内蒙古中东部地区羽茅测定光合特性时发现,在较为干旱的西乌旗样地和羊草样地染菌的羽茅植株净光合速率显著高于不染菌的羽茅植株,但是对于水分较好的霍林河样地的羽茅,内生真菌并没有影响植株的光合能力[72]。本书研究发现,在两种水分处理下 Weed 种群的睡眠草萎蔫时间都高于 Cloudcroft 种群。本书分析这两个种群时发现,Cloudcroft 种群中染菌的睡眠草植株对食草动物的毒性和麻醉作用是因为其较高的麦角生物碱水平[82,83]。Cloudcroft 种群的内生真菌是一个新的种类,能产生三种麦角生物碱和伯胺,一种吲哚双萜生物碱。Weed 种群的内生真菌,被认定为 *E. funkii*,它具有产生伯胺、麦角碱和吲哚双萜的基因,并产生一种麦角碱和几种吲哚双萜生物碱。由此推测,同一宿主的不同生境种群也会对禾草-内生真菌的共生关系产生不同的影响。

最后,本书研究探讨同一种宿主的不同基因型内生真菌对天然禾草-内生真菌共生关系的生理生态影响。Malinowski 等研究 *Neotyphdium* 感染对两种基因型高羊茅(DN2 和 DN11)竞争能力的影响,发现内生真菌的感染显著提高 DN2 高羊茅的竞争能力,但降低 DN11 的竞争能力[85]。宿主植物的基因型可以影响植物地下生物量的积累,根冠比以及光合作用。Marks 和 Clay 发现,在 13 个不同基因型的高羊茅中,内生真菌感染和宿主基因型的相互作用显著影响碳交换速率和叶片气孔导度[37]。Morse 等选取四个不同基因型的亚利桑那羊茅个体为研究对象,结果表明内生真菌的类型和宿主基因型影响亚利桑那羊茅的生理特性,生长和生物量[81]。而在对羽茅的研究中,通过人工转接的技术方法,研究不同基因型的宿主数目上相对较多,且将自然条件和温室栽培相结合,结果表明,自然条件下宿主植物的基因型极显著影响羽茅的生长,包括株高、叶片数和分蘖数,也显著影响羽茅除比叶重以外的其他生理指标,而且宿主植物基因型还是影响羽茅中光合色素含量的重要因素,宿主植物基因型也是影响羽茅包含最大净光合速率在内的各个光合生理指标的重要因素。光合作用是植物体内重要的代谢过程,光合速率的高低对植物生长发育有重要影响,已有研究表明,不同的物种或同一物种在不同的生长条件下,其光合氮有效利用率有着显著的差异[148],这可能是造成宿主基因型对羽茅光合生理指标有显著影响的间接机制。温室条件下,宿主植物的基因型显著影响羽茅的分蘖数、叶片数以及叶宽,也显著影响羽茅除比叶重以外的其他生理指标,包括氮含量、碳含量以及碳氮比。Cheplick 在一项研究中发现在植物落叶期,内生真菌感染对多年生黑麦草的分蘖数和叶面积的影响取决于宿主植物的基因型[94]。叶片质量、分蘖基部的质量和再生长后的比叶面积取决于植物基因型与内生真菌的相互作用[94]。生长分蘖的能力是反映丛生型禾草的一个重要生态指标[93]。本书研究发现,宿主植物基因型对刈割前羽茅分蘖和光合特性的作用大于内生真菌的作用,刈割后,宿主基因型对羽茅的再生长和地上生物量的产生的影响大于内生真菌的作用。宿主基因型在刈割前后都显著影响羽茅的非结构性碳水化合物含量。因此,本书研究认为同一宿主的不同基因型对决定禾草-内生真菌共生关系上起着至关重要的作用。

9.1.5 内生真菌种类对禾草-内生真菌共生关系的影响

内生真菌种类是影响禾草-内生真菌共生关系的因素之一。本书研究通过人工转接构建禾草-内生真菌共生体,从三个不同角度探讨内生真菌种类对禾草-内生真菌共生关系的影响。首先,本书研究探讨不同传播方式的内生真菌对羽茅的影响。已有的大部分研究集中在无性传播的内生真菌 *Neotyphodium* 对宿主植物的影响,有研究认为 *Neotyphodium* 属内生真菌与宿主植物在长期的共同进化过程中形成一种互利共生的关系,促进植物生长和分蘖形成[112],在 *Epichloë* 属中[154],已有研究表明,*Epichloë* 属真菌通过和宿主植物及其生长环境的相互作用,在宿主植物旗叶的叶鞘或茎秆上形成子座,未成熟的子座由一层致密的菌丝层组成,表面密布分生孢子。然而,关于不同传播方式内生真菌对宿主的生理生态影响研究很少。本书实验不仅考虑自然条件下不同传播方式内生真菌对共生体的影响,还利用人工转接的技术,研究温室条件下内生真菌传播方式对宿主的影响,研究结果表明 *Neotyphodium* 感染对羽茅的株高和叶长有显著的正效应,但 *Epichloë* 感染对羽茅有负效应。感染 *Neotyphodium* 内生真菌对羽茅的最大净光合速率显著高于感染 *Epichloë* 属内生真菌的羽茅。多数 *Epichloë* 属内生真菌不产生物碱或生物碱的产生水平很低[76],本书研究推测一定数量的 *Neotyphodium* 内生真菌及其诱导植物产生的次生代谢物质在细胞间隙的积累往往构成病原菌进入植物体内或在植物体内运转的机械及化学屏障,从而对植物的生长更有益处。宿主种群间不同的传播方式也可能是由于内生真菌或者宿主植物的基因型不同[155-156]。不同传播方式的内生真菌对羽茅的生长与生理特性的影响不同,还可能由于大部分 *Epichloë* 属真菌并不是每个年份都能在宿主植物上产生子座,子座的产生与否不仅与内生真菌以及宿主植物的基因型有关,而且还与植物的生长环境、营养状态等有关,这还有待将来进一步具体研究。

其次,本研究比较相同传播方式不同杂交型的内生真菌对亚利桑那羊茅的影响。Sullivan 和 Faeth[84]对于内生真菌基因型的改变认为,亚利桑那羽茅种群至少有 3 种不同的内生真菌基因型,其中一些出现在同一地理种群中。Morse 等在亚利桑那羊茅中的研究发现,内生真菌的种类是影响植物生长、生物量以及生理指标(例如叶片水势、叶卷曲和气孔密度)的重要因素[81]。Saari 和 Faeth 研究表明感染杂交型内生真菌的亚利桑那羊茅的鲜重显著高于感染非杂交型内生真菌的植株[143]。但这些研究中都只单一考虑到某种杂交型的宿主或者内生真菌,在本书实验中,通过人工转接,构建不同的宿主基因型和内生真菌种类的组合,能更全面而且充分地说明内生真菌种类和宿主基因型的组合对内生真菌-亚利桑那羊茅共生体的生长具有不同的影响。在高水分高养分下,当内生真菌种类为 NH 时,植物基因型为 NH 的分蘖数都显著高于植物基因型为 E－的植株分蘖数。当宿主植物基因型为 H 时,感染 NH 内生真菌的株高显著高于感染 H 和 E－的株高;当宿主植物基因型为 NH,内生真菌种类为 NH 植株分蘖数都显著高于内生真菌种类为 H 的分蘖数。由此看来,不同杂交型的内生真菌也会对禾草-内生真菌共生关系产生不同的影响。

最后,本书研究相同传播方式相同杂交型的不同种内生真菌对羽茅的影响。Assuero 等研究用两种不同的内生真菌分离株 AR501 和 KY31 分别接种两个高羊茅栽培种 MK 和 FP,然后在水分亏缺的情况下,比较染菌植株与不染菌植株在形态和生理上表现的差异;结果表明不同菌株与植物的组合表现出的差异有所不同[41]。本书研究通过人工转接,获得分别感染两种内生真菌 Ns 和 Ng,且均为垂直传播的羽茅。研究结果表明,内生真菌种类对天然禾草羽茅的生长、光合特性、比叶重、叶绿素含量以及碳含量有显著的影响,感染 Ns 的羽茅的分蘖数显著高于感染 Ng 的羽茅的分蘖数。感染 Ng 的羽茅的比叶重显著高于感染 Ns 的羽茅,感染 Ns 的羽茅的碳含量显著高于感染 Ng 的羽茅。温室条件下,内生真菌种类显著影响羽茅的叶片长度和叶片数,以及碳、氮百分含量和碳氮比。温室条件下,Ns 的叶长显著高于 Ng 植株的叶长,感染 Ng 的植株的氮含量显著高于感染 Ns 的植株的氮含量,但 Ns 的碳含量却显著高于感染 Ng 的羽茅。促进植物生长是由于不同内生真菌促使宿主产生不同的植物生长激素所致[114]。这些植物激素可能影响细胞分裂、细胞伸长和植物内的资源分配。研究表明,植株具有较多分蘖数是由于在植物的地上部分,调节顶端优势的植物激素朝着增加腋芽的细胞分裂素的方向发展[145]。各类内生真菌间产生的植物激素类型和含量会有不同的变化[114],还可能不同程度地改变细胞分裂素的含量,通过比较已有的研究结果,这也能用于解释天然禾草中不同内生真菌的作用机制。Van Peer 等[157]认为内生真菌诱导宿主植物产生系统抗性(Induced Systoemic Resistance,ISR)无病程相关蛋白(PRP)的积累,且能诱导植物产生一些结构方面的抗性。通过分析,本书研究推测 Ns 通过诱导植物产生一些结构方面的抗性或通过影响植物激素的分配,使得 Ns 对羽茅的生长促进作用大于 Ng,且 Ns 的碳储存能量优于感染 Ng 的羽茅。

9.1.6 水分和养分对禾草-内生真菌共生关系的影响

禾草-内生真菌共生关系的复杂与多变,不仅与内生真菌种类和宿主基因型相关,还与共生体所处的生境密切关联,特别是禾草-内生真菌共生体对不同的水分和养分具有不同的响应结果。许多研究已经报道栽培禾草[7,30,39,87,140]与天然禾草[123-125]中内生真菌能提高植株的抗旱性和再生长能力。内生真菌感染通常降低萎蔫时间并增强叶片的卷曲,这与干旱后恢复期促进植物生长与生物量有关[7]。叶片卷曲的增加以及萎蔫时间的减少可能保护叶鞘中的持水性,因而在干旱致死的条件下保护内部的生长区域[39]。其他关于内生真菌调节的抗旱机制很可能是由于气孔导度的降低,较高水分利用效率以及增强渗透调节[7]。Cheplick[31]和 Hesse 等[138]发现栽培禾草(黑麦草)和天然禾草很大程度上取决于植物种类以及宿主植物基因型与内生真菌的结合。Wali 等在牛尾草(*Schedonorus pratensis*)的研究中发现 *Neotyphodium* 内生真菌感染对宿主的优势随着土壤养分而变化[139]。本书研究并不是单一考虑某个生态因子对共生关系的影响,本书实验发现,在以上讨论内生真菌种类以及宿主基因型对共生关系的影响时,通常是在某种水分和养分下得到的结果。在对睡眠草的研究中,本书选择的两个种群的原生境差异主要是由海拔高度引起的水分差异,考虑到来自 Weed 种群的宿主植物所在的原生境水分含量相对较低,使得植株本身更具有抗旱特性,这种特性被宿主植物遗传下来,导致 Weed 种群的植株在低水处理下萎蔫时间更长,更容易适应干旱环境;然而,来自 Cloudcroft 种群的睡眠草所处原生境高水含量相对较高,宿主植物体现出的抗旱性能力较弱,在低水处理下,Cloudcroft 种群的睡眠草植株萎蔫时间更短,抗旱能力低于 Weed 种群的睡眠草。因此,种群所处的原生境对睡眠草抗旱特性的影响可能会被遗传下来,使得该种群中的后代植株具有不同的抗旱性,体现了种群差异与宿主遗传背景差异的一致性。当然,本书实验仅仅在培养箱里控制水分含量,考虑到可能还与其他的非生物因子有关,例如土壤氮含量,存在啃食情况,以及在田间环境下测得的结果会有不同。在对羽茅的研究中,本书研究得到与睡眠草相似的结果,而这两部分实验中都对宿主进行一次刈割,最终测定刈割前和刈割后共生体双方种类对宿主的生理生态影响,本书研究发现这两部分都重点强调植物基因型对宿主的影响超过内生真菌感染与内生真菌种类的作用,由此推断,刈割可能影响内生真菌在宿主内的生长,从而削弱内生真菌对宿主的生理生态影响。

在探讨生境对共生关系的影响时,除水分因子的影响外,养分也是一个重要的生态因素。关于亚利桑那羊茅,本书研究认为在水分和养分缺乏的环境条件下,杂交型内生真菌可能通过提高宿主对水分和养分的利用率,使植株具有较多的地上、地下生物量和更强的生存能力,进而提高宿主的生态适应性[97]。Morse 等选取四个不同基因型的亚利桑那羊茅个体为研究对象,其中两个个体感染一种内生真菌,另外两个个体感染另一种单体型的内生真菌,测定内生真菌感染,内生真菌类型以及宿主基因型和水分利用效率对亚利桑那羊茅生长指标、净光合速率、暗呼吸速率、气孔导度、叶片卷曲以及生物量和相对生长速率的影响[81]。结果表明内生真菌的类型和宿主基因型对亚利桑那羊茅的生理特性,生长和生物量都有影响。本书研究发现,在高水分高养分下,非杂交型内生真菌对宿主植物是中立的影响,但在低养分低水分条件下,不同的宿主基因型和内生真菌种类的组合对水分和养分的响应不同。有一种解释是,NH+内生真菌不经常发生互利共生,而这种正效应仅在特定的时间段发生,比如在严峻和持久的干旱条件下或者种群迅速衰退的情况下[81,126]。还有研究表明,宿主-内生真菌体系的协同进化主要在内生真菌在一个稳定的有性生殖中被发现,并且与共同起源的宿主和内生真菌有关[158]。本书实验的结果能部分解释在自然的亚利桑那羊茅种群中 NH+的高感染率[68,69,159]。这可能是由于感染 H+和 NH+内生真菌的宿主植物的基因型以及共生体所处的环境条件不同。

Latch 和 Christensen 在对黑麦草(*Lolium perenne*)和高羊茅(*Fescuta arundinacea*)中内生真菌进行幼苗转接的实验中发现,分离得到的内生真菌回接到原宿主植物都能成功感染,但接种到非原宿主的植株上则只有少部分感染暂时成功,随后收获的种子再次检测感染情况发现,某些内生真菌只在部分宿主内部稳定传代,暂时接种成功并不意味着感染的稳定[48]。本书实验使用的是人工转接的方法得到的染菌植株,关于转接内生真菌与羽茅共存的稳定性、内生真菌与羽茅的相互作用,以及刈割后,多长时间内羽茅叶鞘中内生真菌的含量能达到与自然条件下羽茅中内生真菌的量一致,这些问题还有待进一步研究。宿主在形态上和生理上的遗传变异性对内生真菌感染的响应也已经被许多学者进行研究[37,107,108]，显然，特殊的宿主-内生真菌组合更容易依赖环境因素，并且其特性紧密地与进化适应性相结合。如果要充分地研究影响共生体的因素以及宿主生态位的扩展，还需要进行长期的田间实验，并且本书的研究还不了解通过人工转接得到天然禾草-内生真菌种类共生体中染菌是否可以垂直传播给下一代，如果染菌可以一直持续下去，那么染菌植株的传播可以通过种子来得到，这对研究植物与微生物之间的相互作用有重要的意义，但至少通过本书的研究，发现人工转接的技术手段在今后研究禾草-内生真菌共生关系的机制中会具有重要作用，并且通过本书实验，可以使得人们更加清晰地看到引起天然禾草-内生真菌共生关系的复杂多变的因素，以及在不同条件下，这种禾草-内生真菌共生体对其共生体双方种类以及生产环境的变化响应，为研究植物与微生物间的相互作用提供生态学理论依据。

9.2　主要结论

（1）内生真菌对羽茅的影响与宿主羽茅所处的原生生境和不同生长发育阶段有关，具体表现为：羽茅生长前期，内生真菌显著提高了海拉尔种群植株的株高、比叶重、水分利用效率以及光合氮利用效率；羽茅生长后期，内生真菌对定位站羽茅的光合氮利用效率有显著的贡献。感染内生真菌对两个地理种群中羽茅的生物量的分配、叶绿素含量、叶片氮含量都没有显著的影响。

（2）同一地理种群中，内生真菌对羽茅的作用受 *Neotyphodium* 内生真菌种类的影响较小，分别感染 *Neotyphodium sibiricum* 和 *Neotyphodium gansuence* 内生真菌的锡林浩特定位站种群的羽茅，在形态变化、生理指标以及生物量的分配上均无显著差异。

（3）内生真菌对羽茅的作用不仅与宿主所处的生长阶段有关，还取决于宿主植物的基因型。本书研究结果发现内生真菌对羽茅的形态变化、叶绿素含量以及光合生理指标的显著影响在羽茅各生长阶段以及不同羽茅个体

(D2,D3,D5)中各不相同;对于感染同一种内生真菌的不同羽茅个体而言,内生真菌 *Neotyphodium sibiricum* 对羽茅气孔导度的作用,以及 *Neotyphodium gansuence* 对宿主蒸腾速率的影响取决于宿主植物的基因型。

（4）对芨芨草属的不同宿主植物羽茅和睡眠草的研究中,宿主植物基因型是影响羽茅生理生态特性的主要原因,宿主植物种群差异是影响睡眠草生理生态特性的主要原因;其次是内生真菌种类对共生体产生的影响,而内生真菌感染与否对这两种天然禾草的作用最小。

（5）不同类型的内生真菌（内生真菌的传播方式差异和内生真菌遗传起源背景差异）显著影响羽茅和亚利桑那羊茅生理生态特性,在羽茅中不同内生真菌的传播方式的作用高于内生真菌种类（相同传播方式的不同种内生真菌）对宿主的生理生态特性的影响。

（6）宿主植物基因型与内生真菌种类的相互作用对羽茅和亚利桑那羊茅的生长都有显著的影响,并且重要环境因子水分养分也是影响亚利桑那羊茅生长和生物量分配的主要因素。

（7）本书的研究推测影响禾草-内生真菌共生体生理生态特性的各个因素之间可能存在的趋势为:宿主植物基因型（或重要环境因子）＞内生真菌的不同类型＞内生真菌的不同种类＞内生真菌感染与否。

参 考 文 献

[1] SELOSSE M A, LE TACON F. The land flora: a phototroph-fungus partnership? [J]. Trends in Ecology and Evolution, 1998, 13(1): 15-20.

[2] SARA M, BAVESTRELLO G, CATTANEO-VIETTI R, et al. Endosymbiosis in sponges: relevance for epigenesis and evolution[J]. Symbiosis, 1998, 25(1-3): 57-70.

[3] STACHOWICZ J J. Mutualism, facilitation, and the structure of ecological communities[J]. Bioscience, 2001, 51(3): 235-246.

[4] READ D J, DUCKETT J G, FRANCIS R, et al. Symbiotic fungal associations in 'lower' land plants[J]. Philosophical Transactions of the Royal Society of London Series B-Biological Sciences, 2000, 355(1398): 815-830.

[5] DOYLE J J. Phylogenetic perspectives on nodulation: evolving views of plants and symbiotic bacteria[J]. Trends in Plant Science, 1998, 3(12): 473-478.

[6] HOWIESON J G. The host-rhizobia relationship [M]. Netherlands: Springer, 1999.

[7] CHEPLICK G P, FAETH S. Ecology and evolution of the grass-endophyte symbiosis [M]. USA: Oxford University Press, 2009.

[8] DE BARY A. Morphologie und physiologie der pilze, flechten und myxomyceten [M]. Leipzig: Wilhelm Engelmann, 1866.

[9] CARROLL G. Fungal endophytes in stems and leaves-from latent

pathogen to mutualistic symbiont[J]. Ecology,1988,69(1):2-9.

[10] RODRIGUES K F, PETRINI O, LEUCHTMANN A. Variability among isolates of xylaria-cubensis as determined by isozyme analysis and somatic incompatibility tests[J]. Mycologia,1995,87(5):592-596.

[11] 邹文欣,谭仁祥.植物内生菌研究新进展[J].植物学报,2001,43(9): 881-892.

[12] 魏宇昆,高玉葆,李川,等.内蒙古中东部草原羽茅内生真菌的遗传多样性[J].植物生态学报,2006,30(4):640-649.

[13] SCHARDL C L. Epichloë festucae and related mutualistic symbionts of grasses[J]. Fungal Genetics and Biology,2001,33(2):69-82.

[14] CLAY K. Fungal endophytes of grasses-a defensive mutualism between plants and fungi[J]. Ecology,1988,69(1):10-16.

[15] CLAY K. Fungal endophytes of grasses[J]. Annual Review of Ecology and Systematics,1990,21:275-297.

[16] NEIL K L, TILLER R L, FAETH S H. Big sacaton and endophyte-infected Arizona fescue germination under water stress[J]. Journal of Range Management,2003,56(6):616-622.

[17] SCOTT B. *Epichloë* endophytes: fungal symbionts of grasses [J]. Current Opinion in Microbiology,2001,4(4):393-398.

[18] TANAKA A,TAKEMOTO D,CHUJO T,et al. Fungal endophytes of grasses[J]. Current Opinion in Plant Biology,2012,15(4):462-468.

[19] VOISEY C R. Intercalary growth in hyphae of filamentous fungi[J]. Fungal Biology Reviews,2010,24(3-4):123-131.

[20] SAMPSON K. The systemic infection of grasses by *Epichloë typhina* (Pers.) Tul. [J]. Transactions of the British Mycological Society, 1933,18(1):30-33.

[21] BULTMAN T L,LEUCHTMANN A. A test of host specialization by insect vectors as a mechanism for reproductive isolation among entomophilous fungal species[J]. Oikos,2003,103(3):681-687.

[22] MEIJER G, LEUCHTMANN A. The effects of genetic and environmental factors on disease expression(stroma formation) and plant growth in *Brachypodium sylvaticum* infected by *Epichloë sylvatica*[J]. Oikos,2000,91(3):446-458.

[23] WENNSTROM A. The distribution of *Epichloë* typhina in natural plant populations of the host plant *Calamagrostis purpurea* [J]. Ecography,1996,19(4):377-381.

[24] TADYCH M, BERGEN M, DUGAN F M, et al. Evaluation of the potential role of water in spread of conidia of the *Neotyphodium* endophyte of Poa ampla[J]. Mycological Research, 2007, 111 (4): 466-472.

[25] WHITE J F. Endophyte-host associations in forage grasses. XI. A Proposal Concerning Origin and Evolution[J]. Mycologia,1988,80(4): 442-446.

[26] BRADSHAW A D,SNAYDON R W. Population differentiation within plant species in response to soil factors[J]. Nature,1959,183(4654): 129-130.

[27] LEUCHTMANN A, CLAY K. Nonreciprocal compatibility between *Epichloë typhina* and four host grasses[J]. Mycologia,1993,85(2): 157-163.

[28] CLAY K,MARKS S,CHEPLICK G P. Effects of insect herbivory and fungal endophyte infection on competitive interactions among grasses [J]. Ecology,1993,74(6):1767-1777.

[29] MARKS S,CLAY K,CHEPLICK G P. Effects of fungal endophytes on interspecific and intraspecific competition in the grasses *Festuca Arundinacea* and *Lolium Perenne* [J]. Journal of Applied Ecology, 1991,28(1):194-204.

[30] CHEPLICK G P,PERERA A,KOULOURIS K. Effect of drought on the growth of *Lolium perenne* genotypes with and without fungal

endophytes[J]. Functional Ecology,2000,14(6):657-667.

[31] CHEPLICK G P. Recovery from drought stress in *Lolium perenne* (Poaceae):are fungal endophytes detrimental? [J]. American Journal of Botany,2004,91(12):1960-1968.

[32] 梁宇,高玉葆,陈世苹,等.干旱胁迫下内生真菌感染对黑麦草实验种群光合、蒸腾和水分利用的影响[J].植物生态学报,2001,25(5):537-543.

[33] HESSE U,SCHÖBERLEIN W,WITTENMAYER L,et al. Effects of *Neotyphodium* endophytes on growth,reproduction and drought-stress tolerance of three *Lolium perenne* L. genotypes[J]. Grass and Forage Science,2003,58(4):407-415.

[34] 魏茂英.不同水分和养分条件下内生真菌感染对羊草的生理生态影响[D].天津:南开大学,2012.

[35] WHITE R H,ENGELKE M C,MORTON S J,et al. Acremonium endophyte effects on tall fescue drought tolerance[J]. Crop Science,1992,32(6):1392-1396.

[36] BACON C W. Abiotic stress tolerances (moisture, nutrients) and photosynthesis in endophyte-infected tall fescue [J]. Agriculture Ecosystems and Environment,1993,44(1-4):123-141.

[37] MARKS S,CLAY K. Physiological responses of *Festuca arundinacea* to fungal endophyte infection[J]. New Phytologist, 1996, 133 (4): 727-733.

[38] HAHN H, MCMANUS M T, WARNSTORFF K, et al. *Neotyphodium* fungal endophytes confer physiological protection to perennial ryegrass(*Lolium perenne* L.) subjected to a water deficit [J]. Environmental and Experimental Botany,2008,63(1-3):183-199.

[39] ELBERSEN H W,WEST C P. Growth and water relations of field-grown tall fescue as influenced by drought and endophyte[J]. Grass and Forage Science,1996,51(4):333-342.

[40] RICHARDSON M D,HOVELAND C S,BACON C W. Photosynthesis

and stomatal conductance of symbiotic and nonsymbiotic tall fescue [J]. Crop Science,1993,33(1):145-149.

[41] ASSUERO S G,MATTHEW C,KEMP P D,et al. Morphological and physiological effects of water deficit and endophyte infection on contrasting tall fescue cultivars [J]. New Zealand Journal of Agricultural Research,2000,43(1):49-61.

[42] SCHARDL C L. *Epichloë* species: Fungal symbionts of grasses[J]. Annual Review of Phytopathology,1996,34:109-130.

[43] RASMUSSEN S, PARSONS A J, BASSETT S, et al. High nitrogen supply and carbohydrate content reduce fungal endophyte and alkaloid concentration in *Lolium perenne*[J]. New Phytologist,2007,173(4): 787-797.

[44] GALLAGHER R T,HAWKES A D,STEYN P S,et al. Tremorgenic neurotoxins from perennial ryegrass causing ryegrass staggers disorder of livestock: structure elucidation of lolitrem B[J]. Journal of the Chemical Society,Chemical Communications,1984(9):614-616.

[45] SIEGEL M,BUSH L. Defensive chemicals in grass-fungal endophyte associations[J]. Recent Advances Phytochemistry,1996,30:81-119.

[46] NIHSEN M E, PIPER E L, WEST C P, et al. Growth rate and physiology of steers grazing tall fescue inoculated with novel endophytes[J]. Journal of Animal Science,2004,82(3):878-883.

[47] MALINOWSKI D P,ALLOUSH G A,BELESKY D P. Leaf endophyte *Neotyphodium* coenophialum modifies mineral uptake in tall fescue [J]. Plant and Soil,2000,227(1-2):115-126.

[48] LATCH G C M,CHRISTENSEN M J. Artificial infection of grasses with endophytes[J]. Annals of Applied Biology,1985,107(1):17-24.

[49] CHEPLICK G P,CLAY K,MARKS S. Interactions between infection by endophytic fungi and nutrient limitation in the grasses *Lolium perenne* and *Festuca arundinacea*[J]. New Phytologist,1989,111(1):89-97.

[50] SAIKKONEN K, FAETH S H, HELANDER M, et al. Fungal endophytes: A continuum of interactions with host plants[J]. Annual Review of Ecology and Systematics,1998,29:319-343.

[51] BULTMAN T L, BELL G, MARTIN W D. A fungal endophyte mediates reversal of wound-induced resistance and constrains tolerance in a grass[J]. Ecology,2004,85(3):679-685.

[52] LEHTONEN P, HELANDER M, WINK M, et al. Transfer of endophyte-origin defensive alkaloids from a grass to a hemiparasitic plant[J]. Ecology Letters,2005,8(12):1256-1263.

[53] FAETH S H, SULLIVAN T J. Mutualistic asexual endophytes in a native grass are usually parasitic [J]. American Naturalist, 2003, 161(2):310-325.

[54] FAETH S H. Are endophytic fungi defensive plant mutualists? [J]. Oikos,2002,98(1):25-36.

[55] BREM D, LEUCHTMANN A. *Epichloë* grass endophytes increase herbivore resistance in the woodland grass *Brachypodium sylvaticum* [J]. Oecologia,2001,126(4):522-530.

[56] TINTJER T, RUDGERS J A. Grass-herbivore interactions altered by strains of a native endophyte[J]. New Phytologist, 2006, 170 (3): 513-521.

[57] FAETH S H, GARDNER D R, HAYES C J, et al. Temporal and spatial variation in alkaloid levels in *Achnatherum robustum*, a native grass infected with the endophyte *Neotyphodium* [J]. Journal of Chemical Ecology,2006,32(2):307-324.

[58] BREM D, LEUCHTMANN A. Molecular evidence for host-adapted races of the fungal endophyte *Epichloë* bromicola after presumed host shifts[J]. Evolution,2003,57(1):37-51.

[59] SAIKKONEN K, ION D, GYLLENBERG M. The persistence of vertically transmitted fungi in grass metapopulations[J]. Proceedings

of the Royal Society B：Biological Sciences，2002，269（1498）：1397-1403.

［60］BREM D，LEUCHTMANN A. Intraspecific competition of endophyte infected vs uninfected plants of two woodland grass species[J]. Oikos，2002,96(2):281-290.

［61］李飞凤.禾本科植物内生真菌的生物多样性和人工接种的研究 [D].南京：南京农业大学,2004.

［62］WHITE J F，MORGANJONES G，MORROW A C. Taxonomy，life-cycle，reproduction and detection of acremonium endophytes［J］. Agriculture Ecosystems and Environment,1993,44(1-4):13-37.

［63］CLAY K，LEUCHTMANN A. Infection of woodland grasses by fungal endophytes[J]. Mycologia,1989,81(5):805-811.

［64］南志标,李春杰.禾草-内生真菌共生体在草地农业系统中的作用[J].生态学报,2004,24(3):605-616.

［65］BACON C W，PORTER J K，ROBBINS J D，et al. *Epichloë* typhina from toxic tall fescue grasses［J］. Applied and environmental microbiology,1977,34(5):576-581.

［66］纪燕玲,王志伟,于汉寿,等.分离自苇状羊茅（*Festuca arundinacea Schreb.*）的内生真菌 *Neotyphodium uncinatum*［J］.南京农业大学学报,2003(2):47-50.

［67］张欣,李熠,魏宇昆,等.内蒙古中东部草原羽茅 *Epichloë* 属内生真菌的分布及 rDNA-ITS 序列系统发育［J］.生态学报,2007,27（7）:2904-2910.

［68］SULLIVAN T J，FAETH S H. Local adaptation in Festuca arizonica infected by hybrid and nonhybrid *Neotyphodium* endophytes［J］. Microbial Ecology,2008,55(4):697-704.

［69］HAMILTON C E，FAETH S H，DOWLING T E. Distribution of hybrid fungal symbionts and environmental stress［J］. Microbial Ecology,2009,58(2):408-413.

[70] 南志标. 内生真菌对布顿大麦草生长的影响[J]. 草业科学,1996(1): 16-18.

[71] 李飞. 内生真菌对醉马草抗旱性影响的研究 [D]. 兰州:兰州大学,2007.

[72] 林枫,李川,张欣,等. 内生真菌感染对 3 个不同地理种群羽茅光合特性的影响[J]. 植物研究,2009(1):61-68.

[73] 贾彤,任安芝,王帅,等. 内生真菌对羽茅生长及光合特性的影响[J]. 生态学报,2011,31(17):4811-4817.

[74] HAMILTON C E, DOWLING T E, FAETH S H. Hybridization in endophyte symbionts alters host response to moisture and nutrient treatments[J]. Microbial Ecology,2010,59(4):768-775.

[75] LEUCHTMANN A, SCHARDL C L, SIEGEL M R. Sexual compatibility and taxonomy of a new species of *Epichloë* symbiotic with fine fescue grasses[J]. Mycologia,1994,86(6):802-812.

[76] LEUCHTMANN A, SCHMIDT D, BUSH L P. Different levels of protective alkaloids in grasses with stroma-forming and seed-transmitted *Epichloë/Neotyphodium* endophytes[J]. Journal of Chemical Ecology,2000,26(4):1025-1036.

[77] CLAY K, SCHARDL C. Evolutionary origins and ecological consequences of endophyte symbiosis with grasses [J]. American Naturalist,2002,160(Suppl):99-127.

[78] SCHARDL C L, LEUCHTMANN A, SPIERING M J. Symbioses of grasses with seedborne fungal endophytes[J]. Annual Review of Plant Biology,2004,55:315-340.

[79] FAETH S H, SHOCHAT E. Inherited microbial symbionts increase herbivore abundances and alter arthropod diversity on a native grass [J]. Ecology,2010,91(5):1329-1343.

[80] FAETH S H. Asexual fungal symbionts alter reproductive allocation and herbivory over time in their native perennial grass hosts[J]. The

American Naturalist,2009,173(5):554-565.

[81] MORSE L J,FAETH S H,DAY T A. *Neotyphodium* interactions with a wild grass are driven mainly by endophyte haplotype[J]. Functional Ecology,2007,21(4):813-822.

[82] PETROSKI R J,POWELL R G,CLAY K. Alkaloids of Stipa robusta (sleepygrass) infected with an *Acremonium* endophyte [J]. Nat Toxins,1992,1(2):84-88.

[83] JONES T A,RALPHS M H,GARDNER D R,et al. Cattle prefer endophyte-free robust needlegrass[J]. Journal of range management, 2000,53(4):427-431.

[84] SULLIVAN T J,FAETH S H. Gene flow in the endophyte *Neotyphodium* and implications for coevolution with *Festuca arizonica* [J]. Molecular Ecology,2004,13(3):649-656.

[85] MALINOWSKI D P,BELESKY D P,FEDDERS J M. Endophyte infection may affect the competitive ability of tall fescue grown with red clover[J]. Journal of Agronomy and Crop Science-Zeitschrift Fur Acker Und Pflanzenbau,1999,183(2):91-101.

[86] FAETH S H,HELANDER M L,SAIKKONEN K T. Asexual *Neotyphodium* endophytes in a native grass reduce competitive abilities[J]. Ecology Letters,2004,7(4):304-313.

[87] CHEPLICK G P. Genotypic variation in the regrowth of *Lolium perenne* following clipping:effects of nutrients and endophytic fungi [J]. Functional Ecology,1998,12(2):176-184.

[88] 李夏,韩荣,任安芝,等.高温处理构建不感染内生真菌羽茅种群的方法探讨[J].微生物学通报,2010,37(9):1395-1400.

[89] 李合生.植物生理生化实验原理和技术 [M].北京:高等教育出版社,2000.

[90] 张国芳,王北洪,孟林,等.四种偃麦草光合特性日变化分析[J].草地学报,2005,13(4):344-348.

[91] MARQUIS R J, NEWELL E A, VILLEGAS A C. Non-structural carbohydrate accumulation and use in an understory rain-forest shrub and relevance for the impact of leaf herbivory[J]. Functional Ecology, 1997,11(5):636-643.

[92] DA SILVEIRA A J, FEITOSA TELES F F, STULL J W. A rapid technique for total nonstructural carbohydrate determination of plant tissue[J]. Journal of Agricultural and Food Chemistry,1978,26(3): 770-772.

[93] CHEPLICK G P. Host genotype overrides fungal endophyte infection in influencing tiller and spike production of *Lolium perenne*(Poaceae) in a common garden experiment[J]. American Journal of Botany,2008, 95(9):1063-1071.

[94] CHEPLICK G P, CHO R. Interactive effects of fungal endophyte infection and host genotype on growth and storage in Lolium perenne [J]. New Phytologist,2003,158(1):183-191.

[95] GAUTIER H, VARLET-GRANCHER C, HAZARD L. Tillering responses to the light environment and to defoliation in populations of perennial ryegrass(*Lolium perenne* L.) selected for contrasting leaf length[J]. Annals of Botany,1999,83(4):423-429.

[96] SPIERING M J, GREER D H, SCHMID J. Effects of the fungal endophyte, *Neotyphodium* lolii, on net photosynthesis and growth rates of perennial ryegrass(*Lolium perenne*) are independent of in planta endophyte concentration[J]. Annals of Botany, 2006, 98(2): 379-387.

[97] MALINOWSKI D P, BELESKY D P. Adaptations of endophyte-infected cool-season grasses to environmental stresses:mechanisms of drought and mineral stress tolerance[J]. Crop Science,2000,40(4): 923-940.

[98] SULLIVAN T J, RODSTROM J, VANDOP J, et al. Symbiont-

mediated changes in *Lolium arundinaceum* inducible defenses:evidence from changes in gene expression and leaf composition[J]. New Phytologist,2007,176(3):673-679.

[99] RASMUSSEN S,PARSONS A J,FRASER K,et al. Metabolic profiles of *Lolium perenne* are differentially affected by nitrogen supply, carbohydrate content, and fungal endophyte infection[J]. Plant Physiology,2008,146(3):1440-1453.

[100] BELESKY D P,FEDDERS J M. Does endophyte influence regrowth of tall fescue? [J]. Annals of Botany,1996,78(4):499-505.

[101] CHEPLICK G P. Effects of endophytic fungi on the phenotypic plasticity of *Lolium perenne* (Poaceae)[J]. American Journal of Botany,1997,84(1):34-40.

[102] MALINOWSKI D, LEUCHTMANN A, SCHMIDT D, et al. Symbiosis with *Neotyphodium* uncinatum endophyte may increase the competitive ability of meadow fescue[J]. Agronomy Journal, 1997,89(5):833-839.

[103] NEWMAN J A,ABNER M L,DADO R G,et al. Effects of elevated CO_2,nitrogen and fungal endophyte-infection on tall fescue:growth, photosynthesis, chemical composition and digestibility[J]. Global Change Biology,2003,9(3):425-437.

[104] BONY S, PICHON N, RAVEL C, et al. The relationship between mycotoxin synthesis and isolate morphology in fungal endophytes of *Lolium perenne*[J]. New Phytologist,2001,152(1):125-137.

[105] FAETH S H,HAASE S M,SACKETT S S,et al. Does fire maintain symbiotic, fungal endophyte infections in native grasses? [J]. Symbiosis,2002,32(3):211-228.

[106] SAIKKONEN K, WALI P, HELANDER M, et al. Evolution of endophyte-plant symbioses[J]. Trends in Plant Science,2004,9(6): 275-280.

[107] RICE J S, PINKERTON B W, STRINGER W C, et al. Seed production in tall fescue as affected by fungal endophyte[J]. Crop Science,1990,30(6):1303-1305.

[108] BELESKY D P, DEVINE O J, PALLAS J E, et al. Photosynthetic activity of tall fescue as influenced by a fungal endophyte [J]. Photosynthetica,1987,21(1):82-87.

[109] SAIKKONEN K, LEHTONEN P, HELANDER M, et al. Model systems in ecology: dissecting the endophyte-grass literature[J]. Trends in Plant Science,2006,11(9):428-433.

[110] SCHARDL C. Host specialization of endophytes and coevolution[J]. Phytopathology,2004,94(6):119.

[111] WEI Y K,GAO Y B,ZHANG X,et al. Distribution and diversity of *Epichloë/Neotyphodium* fungal endophytes from different populations of *Achnatherum sibiricum* (Poaceae) in the Inner Mongolia Steppe,China[J]. Fungal Diversity,2007,24:329-345.

[112] MOON C D,CRAVEN K D,LEUCHTMANN A,et al. Prevalence of interspecific hybrids amongst asexual fungal endophytes of grasses [J]. Molecular Ecology,2004,13(6):1455-1467.

[113] ELMI A A, WEST C P. Endophyte infection effects on stomatal conductance,osmotic adjustment and drought recovery of tall fescue [J]. New Phytologist,1995,131(1):61-67.

[114] DE BATTISTA J P, BACON C W, SEVERSON R, et al. Indole acetic-acid production by the fungal endophyte of tall fescue[J]. Agronomy Journal,1990,82(5):878-880.

[115] MALINOWSKI D P,ALLOUSH G A,BELESKY D P. Evidence for chemical changes on the root surface of tall fescue in response to infection with the fungal endophyte *Neotyphodium* coenophialum [J]. Plant and Soil,1998,205(1):1-12.

[116] TINTJER T,LEUCHTMANN A,CLAY K. Variation in horizontal

and vertical transmission of the endophyte *Epichloë* elymi infecting the grass Elymus hystrix [J]. New Phytologist, 2008, 179 (1): 236-246.

[117] STEWART A D, LOGSDON J J, KELLEY S E. An empirical study of the evolution of virulence under both horizontal and vertical transmission[J]. Evolution, 2005, 59(4): 730-739.

[118] SANCHEZ F J, MANZANARES M, DE ANDRES E F, et al. Turgor maintenance, osmotic adjustment and soluble sugar and proline accumulation in 49 pea cultivars in response to water stress[J]. Field Crops Research, 1998, 59(3): 225-235.

[119] HILL N S, PACHON J G, BACON C W. Acremonium coenophialum-mediated short- and long-term drought acclimation in tall fescue[J]. Crop Science, 1996, 36(3): 665-672.

[120] JEONG B R, HOUSLEY T L. Fructan metabolism in wheat in alternating warm and cold temperatures[J]. Plant physiology, 1990, 93(3): 902-906.

[121] LYONS P C, EVANS J J, BACON C W. Effects of the fungal endophyte acremonium coenophialum on nitrogen accumulation and metabolism in tall fescue[J]. Plant physiology, 1990, 92(3): 726-732.

[122] MÜLLER C B, KRAUSS J. Symbiosis between grasses and asexual fungal endophytes[J]. Current Opinion in Plant Biology, 2005, 8(4): 450-456.

[123] CRAIG S, KANNADAN S, FLORY S L, et al. Potential for endophyte symbiosis to increase resistance of the native grass Poa alsodes to invasion by the non-native grass Microstegium vimineum [J]. Symbiosis, 2011, 53(1): 17-28.

[124] GONTHIER D J, SULLIVAN T J, BROWN K L, et al. Stroma-forming endophyte *Epichloë* glyceriae provides wound-inducible herbivore resistance to its grass host [J]. Oikos, 2008, 117 (4):

629-633.

[125] KANNADAN S,RUDGERS J A. Endophyte symbiosis benefits a rare grass under low water availability[J]. Functional Ecology, 2008, 22(4):706-713.

[126] FAETH S H,FAGAN W F. Fungal endophytes:common host plant symbionts but uncommon mutualists[J]. Integrative and Comparative Biology,2002,42(2):360-368.

[127] SCHARDL C L,YOUNG C A,HESSE U,et al. Plant-symbiotic fungi as chemical engineers:multi-genome analysis of the Clavicipitaceae reveals dynamics of alkaloid loci [J]. Plos Genetics, 2013, 9(2):e1003323.

[128] MOON C D, GUILLAUMIN J J, RAVEL C, et al. New *Neotyphodium* endophyte species from the grass tribes Stipeae and Meliceae[J]. Mycologia,2007,99(6):895-905.

[129] FAETH S H,HAYES C J,GARDNER D R. Asexual endophytes in a native grass:tradeoffs in mortality,growth,reproduction,and alkaloid production[J]. Microbial Ecology,2010,60(3):496-504.

[130] MARSH C D,CLAWSON A B. Sleepy grass(Stipa vaseyi) as a stock-poisoning plant[J]. 1929,114:1878-1937.

[131] KAISER W J, BRUEHL G W, DAVITT C M, et al. Acremonium isolates from Stipa robusta[J]. Mycologia,1996,88(4):539-547.

[132] DOMBROWSKI J E, BALDWIN J C, AZEVEDO M D, et al. A sensitive PCR-based assay to detect fungi in seed and plant tissue of tall fescue and ryegrass species[J]. Crop science, 2006, 46 (3): 1064-1070.

[133] VILA-AIUB M M, MARTINEZ-GHERSA M A, GHERSA C M. Evolution of herbicide resistance in weeds:vertically transmitted fungal endophytes as genetic entities[J]. Evolutionary Ecology,2003, 17(5-6):441-456.

[134] LATCH G C M, HUNT W F, MUSGRAVE D R. Endophytic fungi affect growth of perennial ryegrass[J]. New Zealand Journal of Agricultural Research, 1985, 28(1):165-168.

[135] OBERHOFER M, GÜSEWELL S, LEUCHTMANN A. Effects of natural hybrid and non-hybrid *Epichloë* endophytes on the response of Hordelymus europaeus to drought stress[J]. New Phytologist, 2014, 201(1):242-253.

[136] GIBERT A, VOLAIRE F, BARRE P, et al. A fungal endophyte reinforces population adaptive differentiation in its host grass species [J]. New Phytologist, 2012, 194(2):561-571.

[137] AHLHOLM J U, HELANDER M, LEHTIMAKI S, et al. Vertically transmitted fungal endophytes: different responses of host-parasite systems to environmental conditions[J]. Oikos, 2002, 99(1):173-183.

[138] HESSE U, HAHN H, ANDREEVA K, et al. Investigations on the influence of *Neotyphodium* endophytes on plant growth and seed yield of lolium perenne genotypes[J]. Crop Science, 2004, 44(5): 1689-1695.

[139] WALI P R, HELANDER M, NISSINEN O, et al. Endophyte infection, nutrient status of the soil and duration of snow cover influence the performance of meadow fescue in subartic conditions [J]. Grass and Forage Science, 2008, 63(3):324-330.

[140] ARACHEVALETA M, BACON C W, HOVELAND C S, et al. Effect of the tall fescue endophyte on plant-response to environmental stress [J]. Agronomy Journal, 1989, 81(1):83-90.

[141] SCHARDL C L, CRAVEN K D. Interspecific hybridization in plant-associated fungi and oomycetes: a review[J]. Molecular Ecology, 2003, 12(11):2861-2873.

[142] KOCHY M, WILSON S D. Nitrogen deposition and forest expansion in the northern Great Plains[J]. Journal of Ecology, 2001, 89(5):807-

817.

[143] SAARI S,FAETH S H. Hybridization of *Neotyphodium* endophytes enhances competitive ability of the host grass[J]. New Phytologist, 2012,195(1):231-236.

[144] SAIKKONEN K, SAARI S, HELANDER M. Defensive mutualism between plants and endophytic fungi? [J]. Fungal Diversity,2010, 41(1):101-113.

[145] EATON C J,COX M P,SCOTT B. What triggers grass endophytes to switch from mutualism to pathogenism? [J]. Plant Science,2011, 180(2):190-195.

[146] HUNT M G,RASMUSSEN S, NEWTON P C D,et al. Near-term impacts of elevated CO_2, nitrogen and fungal endophyte-infection on *Lolium perenne* L. growth, chemical composition and alkaloid production[J]. Plant Cell and Environment,2005,28(11):1345-1354.

[147] 郑淑霞,上官周平. 不同功能型植物光合特性及其与叶氮含量、比叶重的关系[J]. 生态学报,2007(1):171-181.

[148] HIKOSAKA K, HANBA Y T, HIROSE T, et al. Photosynthetic nitrogen-use efficiency in leaves of woody and herbaceous species[J]. Functional Ecology,1998,12(6):896-905.

[149] FAETH S H, BUSH L P, SULLIVAN T J. Peramine alkaloid variation in *Neotyphodium*-infected Arizona fescue: effects of endophyte and host genotype and environment [J]. Journal of Chemical Ecology,2002,28(8):1511-1526.

[150] 王平,周道玮. 野大麦、羊草的光合和蒸腾作用特性比较及利用方式的研究[J]. 中国草地,2004,26(3):8-12.

[151] 杜永吉,王祺,韩烈保. 内生真菌 *Neotyphodium. typhinum* 感染对高羊茅光合特性的影响[J]. 生态环境学报,2009,18(2):590-594.

[152] MOON C D, TAPPER B A, SCOTT B. Identification of *Epichloë* endophytes in planta by a microsatellite-based PCR fingerprinting

assay with automated analysis [J]. Applied and Environmental Microbiology,1999,65(3):1268-1279.

[153] BACON C W,SIEGEL M R. Endophyte parasitism of tall fescue[J]. Journal of Production Agriculture,1998(1):45-55.

[154] LI W,JI Y,YU H,et al. A new species of *Epichloë* symbiotic with Chinese grasses[M]. [s. l. :s. n.]:2006.

[155] BUCHELI E, LEUCHTMANN A. Evidence for genetic differentiation between choke-inducing and asymptomatic strains of the *Epichloë* grass endophyte from *Brachypodium* sylvaticum[J]. Evolution,1996,50(5):1879-1887.

[156] KOVER P X, CLAY K. Trade-off between virulence and vertical transmission and the maintenance of a virulent plant pathogen[J]. American Naturalist,1998,152(2):165-175.

[157] VAN PEER R, NIEMANN G J, SCHIPPERS B. Induced resistance and phytoalexin accumulation in biological control of Fusarium wilt of carnation by Pseudomonas sp. strain WCS417r[J]. Phytopathology, 1991,81(7):728-734.

[158] SCHARDL C L,LEUCHTMANN A,CHUNG K,et al. Coevolution by common descent of fungal symbionts (*Epichloë* spp.) and grass hosts[J]. Molecular Biology and Evolution,1997,14(2):133-143.

[159] SCHULTHESS F M, FAETH S H. Distribution, abundances, and associations of the endophytic fungal community of Arizona fescue (*Festuca arizonica*)[J]. Mycologia,1998,90(4):569-578.